浙江省社科联社科普及课题资助

玩转导购、返利与比价

最惠网购指南

杨 捷 郭熙焕 金瑜雪 编著

中国农业出版社

北 京

前言

P R E F A C E

当今时代，网络购物已成为人们日常生活中非常重要的购物形式。然而，如何在成千上万的商品信息中找到自己想要的商品、如何在纷繁的商家促销消息中梳理出最实惠的信息，让消费者得到实实在在的优惠，对于个人来说非常困难。近年来，层出不穷的导购网站就是针对商品优惠信息的需求产生的，在全网搜集实时的网购优惠信息并发布供网友参考。另外，有些网站开发出了比价功能，即通过电脑网页端、手机端或浏览器插件的形式，对某一件商品进行全网比价，找出最低的价格。还有的网站具有返利功能，登录返利网站，通过特定链接进入电商平台购物，支付成功后会得到不同数额的返利，返利包括积分或现金，可以兑换礼品或提现到银行卡。综合利用导购、返利和比价，不但为消费者提供海量的商品选择，更重要的是帮助消费者梳理购物促销信息，实现购物需求的同时兼顾成本，避开消费陷阱，在提升消费者的购物体验、节省钱包的同时，感受买遍全国甚至全球的"剁手"乐趣。

本书将系统地介绍网购的概念、分类和常用的网上商城导航，通过阐述导购、返利与比价的概念及其常用的网站，让您快速了解并运用导购、返利与比价这三种网购秘笈。本书介绍了常见的导购网站（社区）、返利网站（功能）和比价网站，实际上网站可能同时拥有几种功能，比如某网站包含导购和返利，或者是导购与比价，甚至这几种功能都具备的网站也真实存在过。为了让读者对导购、返利与比价的内容有清晰了解，特意按功能分开介绍这些网站，实际网购时要将这些功能综合利用，才能达到最惠的网络购物效果。

由于篇幅所限，本书介绍的国内购物网站基本为综合类商城，其他专注一个或几个领域的购物网站暂不做介绍，如自有品牌（小米商城、网易严选等）、跨境海购（景彤全球购、宝贝格子等）、化妆品（乐蜂网、知我药妆、聚美优品、丽子美妆、N°5 时尚广场等）、摄影器材（卓美网）、鞋服（优购网、凡客诚品、有货网、好乐买等）、医药（健一网、百洋健康、金象网等）、家居（罗莱家纺、乐我生活网、大朴网、丽芙家居）、工具（土猫网）、图书杂志（中国图书网、蔚蓝网、99 网上书城、博库网、杂志铺等）、酒类（酒仙网、酒美网等）、食品类（沱沱工社、春播网、猫诚食品商城、中国零食网等）、眼镜（可得网、视客眼镜网、易视眼镜网等）、音响类（音平商城等）。另外，国际国内品牌大多自有购物网站，如迪卡侬运动超市、韩都衣舍、邦购网、特步、GAP（盖璞）、ESPRIT（埃斯普利特）等。

由于导购、返利和比价的网站（软件）数量众多，本书内容以笔者常用的电商和网站为主，如果出现网站关闭、网站内容改变、不再提供返利或比价服务、代购服务从免费变为收费，甚至增加新功能、出现新的网站等与本书内容不符的事件，均属正常。网站内容及其提供的服务随时会产生变化，本书内容不能一一提及，敬请读者留意。书中同时出现"消费者"和"用户"两个名词，本书把网购时的消费者称为用户，含义相同。

本书内容是笔者网购时的一部分心得，更多具体的小窍门还需要经过用户自己实战，不断积累网购经验，提升网购省钱能力，变成最惠网购的达人。在网购时，经常浏览导购网站、获取最新的商品信息和与电商相关的资讯也是网购的重要过程，了解国家对于电商的相关政策和电商平台自身的规则是网购必不可少的环节，通过导购、返利与比价，花最少的钱，买到最好、最多的正品商品，是本书编写者最大的心愿。本书是以我国广大中青年人群为主要对象的网购入门与提升的读物，对于不甘寂寞、热衷于搭乘潮流快车的老年人也极有参考价值。同时，本书内容借鉴了一些网络内容，以知乎和慢慢买网站居多，不能一一列出，敬请谅解。本书推荐的网站仅属作者个人观点，消费者在进行网络购物时还须仔细甄别，避免上当受骗。

　　由于水平有限，书中疏漏在所难免，敬请读者批评指正。

编　者
2018 年 3 月

目 录
CONTENTS

第三章　买遍全球的海淘网站

第四章　提供优惠信息的导购网站

第五章　购物还返钱的返利网站

第六章　寻找最低价的比价网站

第七章　最惠淘货的终极秘笈

引言

　　科学技术发展迅猛，人类进入互联网购物时代，网络购物以蓬勃的发展速度席卷全球。虚拟商业行为改变了人们的交易方式和经济活动，也改变了企业的经营模式和管理理念及竞争方式，支付方式日趋便捷和人性化，商品信息和价格更加透明，在与传统商业模式的竞争中逐步显现出优势。

　　网络购物从1995年出现至今，常见的分类是根据买卖双方性质将网络购物区分为B2B、B2C、C2C等。B指商家或企业（Business），C指消费者（Customer），英语中数字2（two）的发音与单词to谐音，这几个字母缩写的含义如下：①B2B（Business to Business）模式，指企业与企业之间通过互联网进行产品、服务及信息的交换而建立的商业关系。B2B使企业之间的交易减少许多事务性的工作流程和管理费用，降低了企业经营成本；网络的便利及延伸性使企业扩大了活动范围，企业发展跨地区、跨国界更方便，成本更低廉。常见的有阿里巴巴批发平台（www.1668.com）。②B2C（Business to Customer）模式，是企业与消费者之间的网络零售行为，即企业通过互联网为消费者提供网上商城的购物环境，消费者通过网络下单并支付。由于这种模式节省了双方的时间和空间，大大提高了交易效率，尤其对于工作忙碌的上班族，节省了不必要的各项开支。常见的网站有京东、苏宁等网上商城。③C2C（Customer to Customer）模式，指消费者个人之间的电子商务行为。简单来讲就是某个消费者有一部手机，通过网络交易把手机卖给另外一个消费者，这种交易类型就称为C2C电子商务。常见的有淘宝网的店铺。

　　2017年的国务院政府工作报告指出，我国内需潜力巨大，消费在经济增长中发挥主要拉动作用。要围绕改善民生来扩大消费，使扩大内需更加有效、更可持续，提出新设 12 个跨境电子商务综合试验区，并促进电商、快递进社区进农村，推动实体店销售和网购的融合发展。2017 年的浙江省政府工作报告也指出，要深入推进杭州和宁波的跨境电子商务综合试验区建设，打造"网上丝绸之路"，同时新建 3 000 个农村电商服务站、3 000 个城市社区智能投递终端。两份政府工作报告将电子商务列为 2017 年的重点工作内容，体现了政府对电子商务的肯定与支持。国务院总理李克强也在多个场合表示要力挺电商等新业态的发展，他曾经说过站在"互联网＋"的风口上顺势而为会使中国经济飞起来；他还在政策方面力挺电商行业，表示自己也和老百姓一样网购，因为人们在网上消费的热情比较高，极大地带动了就业，创造了就业岗位，而且刺激了消费，所以很愿意为网购、快递和带动的电子商务等新业态做广告。2014 年，李克强总理在考察"中国网店第一村"义乌青岩刘村时曾将电子商务比喻成中国发展的"新发动机"。2015 年，我国设立 400 亿元新兴产业创业投资引导基金，为电子商务产业的创新提供支持，这意味着关于互联网与传统商业的融合已经上升到国家战略层面。

电子商务带给企业和消费者最大的好处就是能够便捷、低成本地进入全球市场，创造出大量的"网络"商人，也能够使拥有一台联网计算机或手机的消费者成为全球消费者。基于互联网的电子商务不仅包括企业对消费者（B2C）的商务活动，也包括企业对企业或企业内部（B2B）的商务活动。对于消费者来说，电子商务的主要表现形式就是网购，即网络购物。国内的网络购物一般是通过互联网检索商品信息，通过电子订单发出购物请求，付款方式有款到发货，包括银行转账、在线汇款、第三方支付等，也有货到付款等担保交易，通过快递公司送货上门的购物方式。网络购物的优点突出，省时省力价格实惠，不受时间、地点的限制，不用手持现金即可买遍全国甚至全球商品。

随着互联网的普及，我国在全球的电子经济方面处于领先位置，电商交易占全球总额的四成以上，掀起了网络购物热潮，已成为人们日常生活中一种重要的购物形式。2016 年有调查显示，网购用户中 20～40 岁人士的比例为 64％、40～50 岁的比例为 18％、20～50 岁的比例高达 72％，说明国内网购人群以最有购买实力的中青年为主体。2016 上半年，我国的网购用户达 4.8 亿人，同比增长 15.1％。以最著名的"双十一"为例，2017 年阿里巴巴集团当天全天成交金额为 1 682 亿元，无线交易额占比 90％，成交商家和用户覆盖 200 多个国家和地区；京东商城累计下单金额已超过 1 271 亿元，苏宁全渠道也取得 163％的增长，亚马逊海外购和香港/保税仓部分业务与去年同期相比接近翻番。

　　网络购物根据服务类型不同又可分为：综合服务型（如淘宝网）、专业门类型（如国美）、综合百货型（如京东）、垂直类（如携程网）、生活服务类（如美团）等，也有根据网上商城所售商品类别来区分的。本书为了方便介绍，按照网站所在地区及其销售商品的来源，分为国内购物网站、跨境购物网站（保税区）和海淘网站（国外或境外）三大类。

第一章
包罗万象的国内购物网站

1. 淘宝网、天猫商城、蚂蚁花呗

（1）淘宝网（www.taobao.com）　淘宝
网不仅是国内深受欢迎的网购零售平台，也是
中国消费者交流社区和全球创意商品的集中
地。拥有近 5 亿的注册用户数，每天有超过 6 000 万的固定访客，
同时每天的在线商品数已经超过了 8 亿件，平均每分钟售出 4.8 万
件商品。随着淘宝网规模的扩大和用户数量的增加，淘宝也从单一
的 C2C 网络集市变成了包括 C2C、团购、分销、拍卖等多种电子
商务模式在内的综合性零售商圈。目前，淘宝网已经成为世界范围
的电子商务交易平台之一。

　　淘宝网致力于推动"货真价实、物美价廉、按需定制"网货
的普及，帮助更多的消费者享用海量且丰富的网货，获得更高的
生活品质；通过提供网络销售平台等基础性服务，帮助更多的企
业开拓市场、建立品牌，实现产业升级；帮助更多胸怀梦想的人
通过网络实现创业就业。淘宝网在很大程度上改变了传统的生产
方式，也改变了人们的生活消费方式。不做"冤大头"，崇尚时
尚和个性、开放、善于交流的心态以及理
性的思维，成为淘宝网上崛起的"淘一代"
的重要特征。

　　重大节日或活动大促如"双十一"，参
与活动的商家会放出店铺红包，一般是 5
元，需要用户自己领取，并在红包有效期
内购物时抵扣现金。

（2）天猫商城（www.tmall.com）　天猫商
城原名淘宝商城，为综合性购物网站。2012 年 1
月，天猫商城正式上线，与淘宝网的 C2C 模式
不同，天猫是淘宝网全新打造的 B2C 商城，整
合数千家品牌商、生产商，除了有自营的天猫超
市，还吸引了大量国际、国内各大品牌入驻，如优衣库、Kappa
（卡帕）、李宁、玉兰油、周生生、德芙、科勒、戴尔、联想等品
牌，为商家和消费者之间提供一站式解决方案。商品提供 100%
品质保证、7 天无理由退货以及购物积分返现等优质服务。2014
年 2 月，天猫国际正式上线，为国内消费者直供海外原装进口
商品。

　　重大节日或活动大促，天猫会放出天
猫红包，需要用户自己领取，金额不固定，
在红包有效期内购物时抵扣现金，但有些
天猫商品不支持使用天猫红包（右图为天
猫红包领取界面）。

　　有的活动可以领取购物津贴，用户可
在购物时按照满减条件直接抵减一定金额，
获得购物津贴的用户在特定商家购物时按
照持有的额度享受对应的折扣权益。下图为年货节购物津贴。

天猫积分也可用来兑换天猫购物券，在天猫商城购物消费时使用。

无论是淘宝网还是天猫商城，店铺都可能会有自己的优惠券，有的放在店铺首页，有的放在商品页面，有的是隐藏券，只能通过联系店铺客服或进入导购网站等其他方式领取。

（3）蚂蚁花呗 蚂蚁花呗（简称"花呗"）是蚂蚁金服推出的一款消费信贷产品，是支付宝的一项功能，类似于信用卡，凭消费者的信用额度购物，免息期最高可达 41 天。申请开通后，将获得 500～50 000 元不等的消费额度。消费者在消费时，可以

预支蚂蚁花呗的额度，享受"先消费、后付款"的购物体验。蚂蚁花呗支持多场景购物使用，除支持淘宝和天猫支付外，还接入了 40 多家外部消费平台，包括大部分电商购物平台，如亚马逊、苏宁等，还有本地生活服务类网站，如口碑网、美团网、大众点评网等，以及主流 3C 类官方商城，如乐视、海尔、小米、OPPO等的官方商城，还有海外购物的部分网站。有时花呗做促销活动，可能会有付款立减优惠券、分期免息优惠券等。

2. 京东

京东（www.jd.com）是中国收入规模最大的互联网企业，于 2004 年正式涉足电商领域。2016 年，京东集团市场交易额达到 9 000

多亿元。2017 年 7 月，京东再次入榜《财富》全球 500 强，成为排名最高的中国互联网企业。2014 年 5 月，京东集团在美国正式挂牌上市，是中国第一个成功赴美上市的大型综合型电商平台。京东商城致力于打造一站式综合购物平台，服务中国亿万家庭，3C、家电、消费品、服饰、家居家装、生鲜和新通路（B2B）全品类领航发力，满足消费者多元化需求。在传统优势品类上，京东商城已成为中国最大的手机、数码、电脑零售商，超过其他任何一家平台线上线下的销售总和，占据国内家电网购市

场份额的六成；京东超市已成为线上线下第一超市。2016 年，京东商城积极布局生鲜业务，致力于成为中国消费者安全放心的品质生鲜首选电商平台，已在 300 多个城市实现自营生鲜产品次日达。从 2017 年开始计划 5 年内成为国内线上线下最大的家居家装零售渠道以及打造百万家线下智慧门店——京东便利店，为全国中小门店提供正品行货，为品牌商打造透明、可控、高效的新通路。

京东集团业务涉及电商、金融和物流三大板块。京东集团拥有超过 15 万名正式员工，并间接拉动众包配送员、乡村推广员等，就业人数上千万。2016 年开始，京东全面推进落实电商精准扶贫工作，通过品牌品质、自营直采、地方特产、众筹扶贫等模式，在 832 个国家级贫困县开展扶贫工作，上线贫困地区商品超过 300 万个，实现扶贫农产品销售额超过 200 亿元。依托强大的物流基础设施网络和供应链整合能力，京东商城大幅提升了行业运营效率，降低了社会成本，以品质电商的理念优化电商模式，精耕细作反哺实体经济，进一步助力供给侧改革；以社会和环境为抓手整合内外资源，与政府、媒体和公益组织协同创新，为用户、合作伙伴、员工及环境和社会创造共享价值。

以下为京东商城的优惠方式：

（1）京豆　京豆是京东用户在京东商城购物、评价、晒单、参与相关活动等情况给予的奖励，京豆仅可在京东商城使用，如用户账号暂停使用，则京东将取消该用户账号内京豆相关使用权益。京豆还可用来购买"京豆优惠购"商品，如原价 100 元的商品，花 10 个京豆就可以 80 元购买。京豆也可用于兑换优惠券，可在"我的京东-我的京豆"中查询到京豆详情，获得但未使用的京豆将在下一个自然年底过期。京东商城定期对过期京豆进行作废处理，如 2015 年 12 月 31 日将清空 2014 年度客户获得但未使用的京豆。需要用户注意的是，使用京豆支付的商品发生退货时，如京豆退回时已过有效期，则直接进行作废处理不再返回。京东团购频道和夺宝岛频道的商品、评论、晒单等的京豆规则以其页面单独公示规则为准。

当京豆直接用于支付京东商城订单时（投资性金银、收藏品和部分虚拟产品等不支持京豆支付的产品除外），京豆部分将视为折扣。京豆和现金抵扣的比例为 100：1，京豆支付不得超过每笔订单结算金额的 50%，可使用京豆数量必须为 1 000 的整数倍，如 1 000、2 000、3 000 等。如果结算金额 100 元，50% 就是 50 元，结算时此订单最多只能享受 5 000 个京豆的折扣；如果拥有的京豆数小于 1 000 个，则不可在结算页或收银台使用京豆。

(2) 优惠券 京东商城通过买赠、活动参与、京豆兑换等形式给用户发放优惠券，用于减免购买支付的金额，这也是京东商城最主要、最重要的优惠方式。从使用限额上分为京券和东券；从商品品类进一步划分，分为限品类京券和限品类东券；从销售主体进一步划分，分为限店铺京券和限店铺东券；从优惠券存在形式划分，分为实体密码券和账户电子券两种。优惠券优惠部分金额不能开具发票。使用优惠券时，单个订单可同时使用多张京券，同类型东券在同一商品上只能用一张，东券和京券不能同时使用，部分京券和东券受品类和店铺使用限制。查看优惠券方法，页面端在"我的京东-优惠券"、APP 端在"我的-优惠券"可查看优惠券详细信息，点击券面上的说明可查看商品限制、使用限制、地区限制等详细内容。

京券是直接当现金使用的优惠券，而且没有限满金额的限制，也可以叠加使用。京券的来源目前已知的方法有：在网页端（a. jd. com）"领券中心"或 APP 端首页"领券"频道上方连续签到 3 天可领取无门槛京券或其他京券；购物返京券，商品页面会说明购物满额多少返京券到用户账户；客服人员送京券，一般是用户对于商品或服务有不满意，打客服电话或者向在线客服投诉，客服视情况可能会以京豆、优惠券或账户余额的形式赔偿给用户。

东券是满额减的优惠券，是用户购物的时候当订单金额满一定金额使用优惠券后可以减去一定金额的优惠券。常见的有全品类和限品类券，京东在每逢重大节日或者活动促销时也会不定期发放店铺券。东券不可以叠加使用，也不可以和京券一起使用。可以通过以下方式获得东券：在网页端（a. jd. com）"领券中心"或 APP 端首页"领券"频道领取；购物返东券，商品页面会说明购物满额多少返京券到用户账户；第三方店铺东券，需用户自己领取。

①全品类京券。京东主站（www. jd. com）、京东客户端（IOS/Andriod）、M 版京东（m. jd. com）、微信购物、手机 QQ 购物、京致衣橱 APP 通用，无使用限额限制。如果为全平台京券，则可以在同一订单下同时使用多张，可与限品类京券、店铺京券同时使用。全品类京券能按面值总额减免商品部分支付金额，不能与东券叠加使用，可与运费券同时使用；特殊商品不能使用。使用全品类京券提交订单时，若京券金额大于订单需支付商品的金额，产生的差额不予退回。例如，100 元的京券，订单需支付金额为 89 元，使用 100 元京券支付后，多余的 11 元差额不予退还。

②全品类东券。京东主站（www. jd. com）、京东客户端（IOS/Andriod）、M 版京东（m. jd. com）、微信购物、手机 QQ 购物通用，全品类东券每个订单最多只能使用一张，有使用限额限制。当订单中所购商品促销后总额满足全品类东券使用限额才能使用，按东券面值减免支付，特殊商品不能使用。

全品类东券可同时使用的规则：按照店铺东券、全品类东券使用顺序，依次扣减东券金额。根据每次扣减东券面额后的金额计算是否满足下一顺序的东券使用条件。如满足则店铺东券、全品类东券可以同时使用。例如，用户购买商品 A，促销后金额 2 000 元，用户有一张 2 000－200 店铺东券，一张 1 000－50 的全品类东券，两张券均可购买商品 A，全品类东券可与店铺东券同时使用，首先计算使用店铺东券，商品 A 促销后金额 2 000 元，满足店铺东券使用条件，使用该券后商品需支付金额为 1 800 元，再根据 1 800 元计算，使用全品类东券，满足全品类东券使用条件，使用该券后商品实付金额为 1 750 元。

③限品类京券。与全品类京券属性几乎一样，但使用时受商品品类限制，只能购买特定品类商品，无使用限额。使用限品类京券提交订单时，订单中的商品必须满足品类限制要求，在使用的商品范围完全一致或使用的商品范围完全不一致的情况下，则可以在同一订单下同时使用多张京券。例如，同一订单购买商品 A、B、C，有 10 元京券和 15 元京券均适用于商品 A，则两券可叠加使用。如果同一订单购买商品 A、B、C，有 10 元京券适用于商品 A，5 元京券适用于商品 B，则两券可叠加使用。再如同一订单购买商品 A、B、C，有 10 元京券适用于商品 A 及商品 B，5 元京券适用于商品 B 及商品 C，则两券不可叠加使用。

④限品类东券。限品类东券与全品类东券属性几乎一样，除受使用限额限制外，还受商品品类限制，只能购买指定品类商品。使用限品类东券提交订单时，订单中的商品必须在使用范围限制内，覆盖订单中商品范围完全不一致的东券，可叠加使用。

限品类东券与店铺东券同时使用时，按照店铺东券、限品类东券使用顺序，依次扣减东券金额。根据每次扣减东券面额后的金额计算是否满足下一顺序的东券使用条件，如满足则店铺东券、限品类东券可以同时使用。例如，同一订单购买商品 A、B，商品 A 促销后金额 200 元，商品 B 促销后金额 300 元，有一张适用于商品 A 的 150－10 元限品类东券，一张适用于商品 B 的 300－5 元限品类东券，一张适用于商品 A 的 200－20 元店铺东券。限品类东券可与店铺东券同时使用。首先计算、使用店铺东券，商品 A 促销后金额 200 元，满足店铺东券使用条件，使用该券后商品 A 需支付金额为 180 元，商品 B 需支付金额仍为 300 元。再计算、使用可同时使用的限品类东券，商品 A 需支付金额为 180 元，满足 150－10 限品类东券使用条件，商品 B 需支付金额仍为 300 元，满足 300－5 限品类东券使用条件，且 2 张限品类东券使用商品范围不重合，则此订单 3 张券可以同时使用。

⑤店铺京券。与全品类京券属性几乎一样，无使用限额，但只能购买指定店铺内商品。使用店铺京券提交订单，订单中所有商品必须都是该店铺所售，否则不能使用；单张订单在使用的商品范围完全一致或使用的商品范围完全不一致的情况下，可使用多张同店铺京券或全品类京券，不能与除此外的其他优惠券叠加使用。例如，50 元的某店铺京券，所下订单的商品必须均为该店铺商品才可以使用。

⑥店铺东券。与全品类东券属性几乎一样，除受使用限额限制外，也受店铺限制，只能购买指定店铺中的商品。使用店铺东券提交订单时，如果使用东券的商品范围和店铺范围完全不一致，且适用同张东券的商品范围促销优惠后金额仍然能满足其他店东券使用条件的，则可以在一个订单中使用多张店铺东券。例如，2 000－100 元的某店铺券，所下订单的商品必须均为某店铺商品，且需支付商品总金额需要在 2 000 元以上才可以使用。

综上所述，使用优惠券时，单张订单京券可叠加使用，东券只能用 1 张，且东券和京券不能叠加使用；除此之外，部分优惠券受商品类和店铺使用限制。

⑦运费券。用户可通过京东平台上的促销活动、开通 PLUS会员权益等方式获得此优惠券。与商品优惠券如京券、东券等不同，运费券仅可用于抵减京东自营商品订单运费，即用户下单结算时，可选择该优惠券按券面值抵减每笔结算订单中的运费。运费券可叠加使用在同一个订单中，不设找零。另外，虚拟商品及部分特殊购物流程（如秒杀、夺宝岛）不可使用。而商品优惠券如京券、东券等仅能在提交订单时抵减应支付的商品金额，不能抵减运费。运费券可与京券、东券、京东 E 卡、京豆同时使用。运费券可在京东平台的 PC 端、APP 端、微信端，手机 QQ 购物，M 版京东（m. jd. com）使用。

⑧平台专享券。京东不同的使用平台，如京东主站（www. jd. com）、京东客户端（IOS/Andriod）、M 版京东（m. jd. com）、微信购物、手机 QQ 购物一个或多个平台渠道可使用的优惠券，包

括平台专享京券、平台专享东券以及平台专享运费券、平台专享京券在京东客户端、微信购物、手机 QQ 购物使用时仅可使用 1 张，平台专享券不能多张叠加，平台专享京券无金额限制。

⑨区域专享优惠券。针对配送区域推出的优惠券，相比其他优惠券较为少见，包括区域专享京券、区域专享东券、区域专享运费券，依据用户订单的配送地址限制是否可用。例如，配送至北京、天津可享受优惠，配送至上海、湖北则不可享受优惠。区域优惠券不可使用在虚拟商品（旅游、充值、电子书，数字音乐等）。选择配送地址后，如果区域优惠券符合条件，即可在可用列表中被勾选。区域优惠券支持在京东主站、京东客户端、微信购物、手机 QQ 购物等平台使用。

⑩其他优惠券。京东还有支付券、白条券、众筹券、理财券。支付券是下单后付款前用的优惠券，需要满足一定条件，是银行卡支付券还是小金库支付券，用户支付前会显示；白条券仅限于打白条使用，众筹券仅限购买众筹商品使用，理财券仅限购买理财使用。需要注意的是这几种优惠券仅限一次使用，退货退款会失效，不能继续使用。这几种优惠券可在京东金融 APP 中领取。

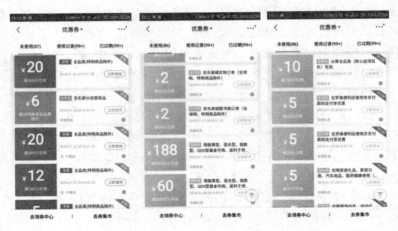

优惠券使用规则：京东发放的商品优惠券，如京券、东券等仅能在京东提交订单时抵减应支付商品金额（不能抵减运费），不能进行兑现或其他用途；预售尾款目前仅支持使用东券，含全品类东券、限品类东券、店铺东券；运费券仅可用于抵减京东自营商品订单运费。

使用全品类东券、限品类东券、店铺东券提交的订单，若订单未拆分，则订单取消后，系统自动返还相应的东券；若订单被拆分，取消全部子单，东券返还。

使用全品类京券、限品类京券、店铺京券提交的订单，若订单未拆分，则订单取消后，系统自动返还相应的京券；若订单被拆分，取消全部子单，系统自动返还限品类京券与店铺类京券，全品类京券则由系统判断，返还等值京豆。

使用全品类京券、限品类京券的订单，若发生售后退货，系统将按商品售价所占订单金额比例拆分各支付金额，已使用优惠券可能化整为零，以京豆形式等同返还；限店铺京券若发生售后退货时，不予返还。

使用全品类东券的订单，若发生售后退货，在订单不拆单的情况下，当订单中全部商品均退货时，在所有商品退款完成后系统会自动返还相应的东券；当订单中部分商品退货时，东券不予返还。在订单拆单的情况下，某一子订单或全部子订单商品发生退货时，东券不予返还。

使用限品类东券、限店铺东券的订单，若发生售后退货时，东券不予返还。

使用平台专享全品类京券提交的订单，若订单未拆分，则订单取消后，系统自动返还相应的平台专享全品类京券；若订单被拆分，取消全部子单，平台专享全品类京券不返还。

使用平台专享全品类京券的订单，若发生售后退货时，不予返还。

使用运费券后，若售前用户正常取消未拆分订单，取消成功后，原券返回用户账户；拆分订单情况下，子单全部取消，则返回运费券；若因京东原因造成父单下所有子单拒收，则返回运费券；需退货的，不返还运费券。

全球购商品只支持使用全球购店铺东券，偶尔也有自营商品优惠券，全球购自营商品经测试目前可用运费券，其他优惠券暂不支持。

(3) 京东白条 京东白条是京东推出的一种"先消费，后付款"的全新支付方式，类似于信用卡。凭消费者的信用额度购物，在京东网站使用白条进行付款，可以享有最长 30 天的延后付款期或最长 24 期的分期付款方式。

①白条开通与激活。在电脑上访问京东主页，登录以后在"我的京东"左侧导航栏中选择"京东白条"，点击页面上的"立即激活"。

页面提示填写个人身份信息，选择绑定银行卡，填写银行信息（信用卡或储蓄卡）。

建议用户仔细阅读该页面中的各种相关协议，保障用户自身权益。确认接受协议中所有内容后，勾选"我已阅读并同意"后点击"立即激活"按钮，同时激活京东白条信用付款服务，激活成功即显示账户实际可用详细信息。请用户注意京东白条暂不支持注销功能。

②白条使用方法。将商品加入购物车后，进入到"填写并核对订单信息"页面，在"支付及配送方式"中选择"在线支付"。

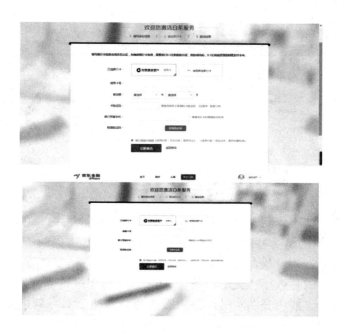

填写并核对订单信息完毕后，进入到收银台页面，选择白条支付方式。

选择"不分期"时，只需在到期付款日前支付白条消费金额，比如用户于 2017 年 4 月 1 日使用京东白条对已购买的 1 200 元商品或服务进行付款，则需在 2017 年 5 月 1 日前登录"我的京东"，在左侧导航栏选择"我的白条"，选中该笔订单进行还款操作。

选择"使用分期"时，分期服务费会分摊到每一期进行收取。比如用户于 2017 年 4 月 1 日在京东选择使用白条对您购买的 1 200 元商品或服务进行付款，选择分 3 期支付，每期服务费率为 0.5%，则需要付款的时间和金额为：

分期期数（月）	每期应付款日	每期本金（元）	分期服务费（元）	每期应付金额（元）
第一期	2017 年 5 月 1 日	400.00	6.00	406.00
第二期	2017 年 6 月 1 日	400.00	6.00	406.00
第三期	2017 年 7 月 1 日	400.00	6.00	406.00

③京东白条支持的商品。目前，支持京东商城的所有实物类商品（包括自营、部分第三方）、部分虚拟类产品目（话费和流量充值、机票和电子书等）、预售商品、全球购、京东众筹、京东到家。

注意：京东白条于 2018 年 3 月启动了个人征信接入工作，具体方案等接入完才能知晓。

（4）其他优惠方式　使用小金库支付优惠券需要预先开通小金库。京东有时会放出用京东 APP 或京东金融 APP 扫描京东自营快递包裹的快递单二维码享受优惠的活动，有时也会联合第三方支付平台，如银联、翼支付等开展满额立减的活动，需要消费者随时关注并及时使用，以免错过优惠名额。

3. 苏宁易购

苏宁易购（www.suning.com）是苏宁云商集团股份有限公司旗下的 B2C 网上购物平台，现已覆盖传统家电、3C 电器、日用百货等品类。网上商城于 2005 年上线，2007 年购物服务开始覆盖全国，2009 年定名为苏宁易购。苏宁易购是建立在苏宁云商长期以来积累的丰富的零售经验和采购、物流、售后服务等综合性平台上，同时由行业内领先的合作伙伴 IBM 合作开发的新型网站平台。苏宁易购具有苏宁品牌优势、遍及全国 30 多个省份 1 000 个配送点 3 000 多个售后服务网点的服务优势等，特点为既是网络 B2C 同时又有苏宁实体店保证，如苏宁易购的数码产品和实体店走的是同一个仓库，都由当地配送；不同点为实体店由仓库配送到店面，消费者在店面取货，苏宁易购直接送到收货地址。相同的商品与实体店一样的三包政策，都需要提供发票并送到生产厂家指定的当地维修点保修。

（1）苏宁云钻　苏宁会员积分称为云钻，可用于购物抵现、兑换礼品、参加互动活动、游戏等。消费者在苏宁实体门店或苏宁易购网站购物均按照实际付款金额乘以相应品类返云钻比例发放云钻；返云钻按照实际付款金额，不包含运费、用券、云钻抵现等促销折扣部分，买礼品卡不返云钻，使用礼品卡支付订单返云钻。充值话费、合约机、商旅服务/产品、物流服务、转账汇款、生活缴费、加油卡充值、本地生活、游戏、彩票、保险、延保产品、一段奶粉、黄金及奢侈品、艺术拍卖品、整车销售等不支持购物返云钻。评价商品（只能评价订单已完成的商品，且评价商品单价不小于 10 元）并上传 3 张及以上的真实图片、安装服务评价、快递员评价皆可返云钻，如果被评为精华评价可额外获得 100 云钻且在商品详情页置顶展示。

在苏宁易购或全国任意一家苏宁门店购物时，可按照 100 云钻抵 1 元的比例抵扣购物金额。云钻可以累积，有效期为 1 年，逾期自动作废。使用云钻时优先消耗旧云钻；使用公司会员卡购物不返云钻。所购商品发生退货，会员购买该商品获得的云钻将相应扣除，优先扣云钻，若云钻余额不足则按比例扣退货款。选择开具增值税发票的订单不返云钻。订单支付完成后即发放相应购物返云钻，选择货到付款或门店付款会有一定时间延迟，建议选择在线支付。门店 POS 端每次抵现使用云钻数量必须是 100 的倍数。苏宁易购购物结算时，除延保、运费金额外，每笔订单云钻最多可抵用订单实际支付金额的 50％。会员在苏宁购物使用云钻抵扣购物款，若此商品发生退货，退货成功后云钻会自动退回到会员账户。退还的苏宁云钻有效期不变，而超过有效期的云钻只在退货当天有效。

（2）易购券 易购券是苏宁易购商城对订单支付金额进行减免的一种主要的优惠形式，分为无敌券、云券、易券，无敌券是具有苏宁易购特色的优惠券，数量少而且不容易获得，除了在商品面面详情价格下方可用云钻刮出无敌券之外，还可参与某些活动或游戏获得，属于稀缺优惠券；云券和易券与京券、东券类似。云券全平台通用，可自身叠加使用，单笔订单可使用多张。易券限指定范围商品使用，不可自身叠加使用，且一个订单只能使用 1 张。云券和易券可以相互叠加使用，且需一次性使用，不可拆分，不找零。云券从使用范围上进一步分为：云券、限品类云券、店铺云券；易券从使用范围上进一步分为：易券、限品类易券、店铺易券。

无敌券全平台通用，一个订单可叠加多张使用。无敌券与云券可以叠加使用，无敌券也可以和易券叠加使用，苏宁易购内通用，无使用品类、店铺限制，单张订单可以使用多张无敌券，比如账户有 5 张 5 元的无敌券下单时，则订单支付金额可减免 25 元。可以购买大聚惠、抢购、手机专享价、掌上抢、海外购等商品，不可购买的商品有秒杀、拼购、虚拟产品、法律规定限制产品如一段奶粉等及云钻加钱兑及云钻全额兑。

云券在苏宁易购内通用，但受商品范围限制，单张订单可以使用多张云券。例如，账户有 1 张 10 元的云券下单时，则订单支付金额可减免 10 元。限品类云券无使用金额限制，但受商品范围限制，只能购买自营内指定的商品，单张订单可以使用多张限品类云券。例如，账户中有 3 张 10 元母婴的限品类云券下单时，订单中的商品均为母婴品类下商品，则支付金额可减免 30 元。店铺云券无使用金额限制，但只能购买指定店铺内的商品，单张订单可以使用多张店铺云券。例如，账户中有 3 张 10 元的店铺云券下单时，订单中的商品均为该店铺商品，则支付金额可减免 30 元。

易券在苏宁易购内通用，有使用金额限制。不可自身叠加使用。单张订单只能使用 1 张易券。例如，账户中有 200－100 元的易券下单时，订单支付金额在 200 以上（包含 200 元），则支付金额可减免 100 元。限品类易券有使用金额限制，只能购买自营内指定的商品，不可自身叠加使用。单张订单只能使用一张限品类易券。例如，账户中有 1 000－100 元空调的限品类易券下单时，订单中的商品均为空调品类商品，且商品订单支付金额在 1 000 元以上（包含 1 000 元），则支付金额可减免 100 元。店铺易券有使用金融限制，只能购买指定店铺内的商品，不可自身叠加使用。单张订单只能使用一张店铺易券。例如，账户中有 300－100 元某店铺易券下单时，订单中的商品均为该店铺内商品，且商品订单支付金额在 300 元以上（包含 300 元），则支付金额可减免 100 元。

限品类云券、易券使用范围：不可购买特价、抢购、团购、手机专享价、海外购、名品特卖、闪购、一段奶粉、虚拟（包含水费电费煤气费、话费、固定宽带费、网游点卡及 QQ、机票酒店、保险、生活服务类等）等商品。由于活动经常更新或下线，使用规则和范围可能会有变更，请以活动页面、论坛公告为准。

（3）任性付 任性付是由苏宁消费金融公司推出的小额消费贷款产品，为消费者提供无抵押、免担保、0 首付低利息、先消费后付款、最长 45 天免息等消费金融服务。

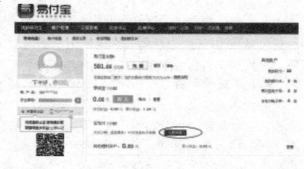

申请任性付先要注册登陆苏宁支付第三方平台——易付宝，进入"我的易付宝"，点击任性付模块的"立即申请"。未进行实名认证的用户还需要先点击"立即实名"进行实名认证，按页面提示完成初级实名认证流程后，页面提示客户下载苏宁金融 APP 后继续申请。下载苏宁金融 APP 后，登陆账户，按页面提示完成高级实名认证流程。在苏宁金融 APP 端提交申请即可，稍作等待再来查看，一般都会成功。

购物时使用任性付付款的步骤：选择商品提交订单，已申请任性付且任性付账户有可用额度，在收银台会展示任性付支付方式，可选择不分期或 3/6/9/12 期付款，选择不分期直接输入支付密码支付成功；若选择分期，收银台会显示手续费以及还款金额，输入支付密码支付成功。

苏宁易购线上和线下门店购物并入账单，任性付账单出账日为每月 1 号，还款日为每月 15 号；任性付其他分期还款业务（如全网通任性付等）还款日为分期当天按月对日，若次月无对应还款日，则次月最后一天为还款日；任性付随借随还贷款期限内可随时还款。

注意：用户在苏宁任性付的所有消费记录都会如实上报中国人民银行的征信系统，会显示为"其他贷款"，任性付订单如果逾期还款，不仅会产生逾期罚款（逾期违约金＝逾期金额×0.1‰×逾期天数），还会影响消费者的个人信用。

4. 国美

2012 年 12 月，国美电器集团将两家旗下电商公司国美在线与库巴网进行后台重组，之后国美电器网上商城正式更名为国美在线。国美在线 （www.gome.com.cn）定位于面向 B2C 业务的跨品类综合性电商购物网站，依托国美集团的后台能力，以独立品牌、独立网站、独立运营的模式专注于综合类电商平台的发展。2016 年 11 月，国美控股集团互联网板块整合旗下国美在线、美信、国美管家、国美海外购和 GOME 酒窖，组建国美互联网生态（分享）科技公司，通过组织职能的融合、产品技术的打通及客户资源的共享，统一流量入口，最大范围实现电商板块（线上）与国美电器（线下）融合，为消费者提供"线下体验，线上下单"的便捷消费体验，保证"同款、同质、同价"的品质服务。真划算频道团购、抢购的自营商品，多数参加单件包邮活动，非常划算。

（1）美豆　美豆是用户在国美网站购物、评价、纠错、晒单、签到、抽奖或在国美旗下门店购物获得的相应奖励。用户可以通过购买商品、购物评价、参加国美商城活动、纠错、晒单、抽奖、签到等方式获得美豆。在国美网站或门店购物时用美豆可以抵扣现金，购买国美网站商品（含购买国美网站和国美旗下所有门店商品）单个订单实付金额（含运费）≥20 元时可使用美豆；购买国美旗下所有门店商品单个订单中单件商品实付金额≥1 元时可使用美豆。美豆的有效期为 3 年，即从获得美豆的次年开始算至第三年年底，逾期自动作废。

（2）优惠券 国美优惠券包括红券、蓝券、购物券、店铺券、手机充值红券、手机游戏红券、彩票券、理财券、美券等。下面主要介绍几种常用优惠券，一般是用户通过促销活动指定页面领取优惠券或参加订单返券活动获得优惠券，也可通过国美 APP 将美豆兑换为红券。

①自营红券。可用于购买国美网站自营实物类商品（汽车分类商品、卡券、投资金银等除外），单张订单最多使用 1 张自营红券。订单金额必须大于自营红券金额，自营红券最多可使用金额＝订单金额－（商品数×1 元）。

②全场红券。可用于购买国美网站实物类商品（汽车分类商品、卡券、投资金银等除外），单张订单最多使用 1 张全场红券。全场红券的使用受商品品牌、品类限制，部分只能购买特定品牌、品类商品。使用全场红券支付时，红券金额须小于订单总金额，红券最多可使用金额＝订单总额－（商品数×1 元），差额部分需您选择其他支付方式来支付。

③蓝券。只支持购买国美网站自营商品，受商品类别及使用金额的限制，每张订单只能使用 1 张蓝券，当订单中商品类别及总额符合蓝券指定条件时可使用蓝券，只需支付扣减蓝券后的金额。部分团购、抢购商品，不支持使用蓝券，使用蓝券后不可参与满返促销，套装商品不可使用蓝券。

④美券。可用于国美自营品牌门店（国美、大中、永乐、蜂星、讯点、腾达、美店、安迅）自营实物类商品（汽车分类商品、卡券、投资金银等除外）。美券分为单品券、品牌券、品类券、全品类券。同一订单美券支持单品券、品牌券、品类券、全品类券叠加使用，各券限使用 1 张。可与红券同时使用，不能与蓝券同时使用。美券受商品品类、品牌限制，只能用于指定品类商品。当订单中所购符合促销条件的商品总金额满足美券使用限额及品类、品牌条件时可享受优惠，只需支付扣减美券后的金额即可。

⑤店铺券。只支持购买指定店铺商品，受使用店铺、商品类别及使用金额限制，单张订单、单店铺只能使用 1 张对应的店铺券。当订单中商品所属店铺、分类、总额满足店铺券指定条件时可使用店铺券，只需支付扣减店铺券后的金额即可（淘实惠、团购、抢购商品不能使用店铺券）。

（3）国美管家（www. gomegj. com）　提供了家庭日常生活所需的家电维修、家电回收、家电清洗等常用服务，还有家居维修安装、电器延保、电器在线说明书等实用功能。

5. 1 号店

1 号店（www. yhd. com）成立于 2008 年 7 月，由世界 500 强企业前高管联合在上海创立，开创了中国电子商务行业"网上超市"的先河。独立研发出多套具有国际领先水平的电子商务管理系统并拥有多项专利和软件著作权，在系统平台、采购、仓储、配送和客户关系管理等方面大力投入，拥有自身的核心竞争力，实现了商品的低成本、快速度、高效率的流通。2010 年 5 月平安集团收购 1 号店八成股权，2011 年 5 月沃尔玛占股 17.7％入股 1 号店，2012 年 8 月商务部批准沃尔玛控股增至 51.3％。沃尔玛成为 1 号店最大股东后，再次于 2015 年 7 月收购了 1 号店所有股份，实现全资控股。2016 年 6 月，沃尔玛与京东达成深度战略合作，沃尔玛将旗下 1 号店并入京东，此举为合作的一部分举措。

（1）1 号金币　1 号店用户可以通过购买 1 号店的商品（特殊品类、部分商品除外），通过 PC 或无线端签到和纸箱回收等途径获得 1 号金币。

用户购买指定 1 号店商品，单件商品实际支付金额大于等于 50 元即可获得 1 号金币，获得金币数额为实际支付金额数值的 10％，如用户实际支付 50 元将获得 5 个 1 号金币。同时，实际支付金额将取 10 的整数倍进行计算，单件商品最高可获得 1 000 个 1

号金币。

用户每签到一次获得 2 个 1 号金币，每天领取 1 次；连续 3 天签到成功可以获得额外 4 个 1 号金币（以 3 天为一个计算周期）。

用户回收 1 号店自营订单业务的纸箱，每回收 1 个纸箱可获得 5 个 1 号金币，每单最多 50 个纸箱。

1 号金币使用途径主要为抵现。1 号金币可以直接用于支付 1 号店网站订单（包含自营商品和入驻商家商品），部分虚拟商品除外。在抵现过程中，100 个 1 号金币＝1 元，不设最小使用 1 号金币的限制。用户抵现的金币不能超过每笔订单结算金额的 50%。

1 号店用户在 1 号店通过各种指定途径获得的 1 号金币是可以累积的，但是 1 号金币有效期最长 2 年，最短 1 年，逾期自动作废。如 2016 年 12 月 31 日将清空 2015 年度客户获得但未使用的 1 号金币。

（2）1 号店抵用券

①全品类直减券。1 号店内通用，无使用限额限制。如果为全平台直减券，则可以在同一订单下同时使用多张，可与限品类直减券、店铺直减券同时使用。直减券能按面值总额减免商品部分支付金额，不能与满减券叠加使用，可与运费券同时使用，特殊商品不能使用。使用全品类直减券提交订单时，若直减券金额大于订单需支付商品金额，差额不予退回。例如，100 元的直减券，订单需支付金额为 89 元，使用 100 元直减券支付后，多余的 11 元差额不予退还。

②全品类满减券。1 号店内通用，每个订单仅能使用 1 张全品类满减券，且有使用限额限制，当订单中所购商品促销后总额满足全品类满减券使用限额才能使用，按满减券面值减免支付金额，特殊商品不能使用。

店铺满减券与全品类满减券同时使用时，按照店铺满减券、全品类满减券使用顺序，依次扣减满减券金额。根据每次扣减满减券面额后的金额计算是否满足下一顺序的满减券使用条件。如满足则店铺满减券、全品类满减券可以同时使用。

③限品类直减券。与全品类直减券属性几乎一样，但使用受商品品类限制，只能购买特定品类商品，无使用限额。使用限品类直减券提交订单时，订单中的商品必须满足品类限制，在使用的商品范围完全一致，或使用的商品范围完全不一致的情况下，则可以在同一订单下同时使用多张直减券。

④限品类满减券。限品类满减券与全品类满减券属性几乎一样，除受使用限额限制外，还受商品品类限制，只能购买指定品类商品。使用限品类满减券提交订单时，订单中的商品必须使用范围限制内，且覆盖订单中商品范围完全不一致的满减券，可叠加使用。

限品类满减券与店铺满减券同时使用时，按照店铺满减券、限品类满减券使用顺序，依次扣减满减券金额。根据每次扣减满减券面额后的金额计算是否满足下一顺序的满减券使用条件。如满足，则店铺满减券、限品类满减券可以同时使用。

使用优惠券时，单个订单可同时使用多张直减券，同类型满减券在同一商品上只能用1张，满减券和直减券不能同时使用，部分直减券和满减券受品类和店铺使用限制。

⑤店铺直减券。与全品类直减券属性几乎一样，无使用限额，但只能购买指定店铺内商品。使用店铺直减券提交订单，订单中所有商品必须都是该店铺所售，否则不能使用；单张订单，在使用的商品范围完全一致，或使用的商品范围完全不一致的情况下，可使用多张同店铺直减券或全品类直减券，不能与除此外的其他优惠券叠加使用。例如，50元的某店铺直减券，所下订单的商品必须均为该店铺商品才可以使用。

⑥店铺满减券。与全品类满减券属性几乎一样，除受使用限额限制外，也受店铺限制，只能购买指定店铺中的商品。使用店铺满减券提交订单时，如果订单内A商品满足A店铺满减券使用条件后，且订单内其他商品仍然能满足其他店铺满减券使用条件的，则可以在一个订单中使用多张店铺满减券。例如2 000－100元的某店铺券，所下订单的商品必须均为该店铺商品，且需支付商品总金

额需要在 2 000 元以上才可以使用。

使用优惠券时，单个订单可同时使用多张直减券，同类型满减券在同一商品上只能用 1 张，满减券和直减券不能同时使用，部分直减券和满减券受品类和店铺使用限制。

⑦运费券。运费券，即可用于 1 号店自营商品订单抵减运费的优惠券。用户可通过 1 号店平台上的促销活动、会员权益等方式获得此优惠券。

运费券与商品优惠券（如直减券、满减券等）不同，运费券仅可用于抵减 1 号店自营商品订单运费，即用户下单结算时，可选择该优惠券按券面值抵减每笔结算订单中的运费，运费券可叠加使用在同一个订单中。商品优惠券（如直减券、满减券等）仅能在提交订单时抵减应支付的商品金额，不能抵减运费。运费券可与直减券、满减券、礼品卡、金币同时使用。

⑧区域专享优惠券。针对配送区域推出的优惠券，包括区域专享直减券、区域专享满减券、区域专享运费券，依据用户订单的配送地址限制是否可用。如某优惠券配送至北京、天津可享受优惠，配送至上海、湖北不可享受优惠。

6. 当当网

当当网（www.dangdang.com）是知名的综合性网上购物商城，从 1999 年 11 月正式开通至今，已从最初的网络售书拓展到销售各类百货，包括图书音像、美妆、家居、母婴、服装和 3C 数码等几十个大类数百万种商品，除图书之外，母婴、美妆、服装、家居家纺是着力发展的四大品类。物流已在全国 600 个城市实现"111 全天达"，在 1 200 多个区县实现次日达，货到付款覆盖全国 2 700 个区县。2010 年年底，当当网在美国上市，成为中国第一家完全基于线上业务在美国上市的 B2C 网上商城；2016 年 9 月 12 日，当当网从纽约证券交易所退市，变成一家私人控股企业。2018 年 3 月，被海航集团收购。

当当网的图书品类占据了线上市场份额的一半以上，依靠自身优势，出版社给当当网的进货折扣也比较低，因此具有在图书方面的价格优势。有数据统计，包括第三方店铺的图书在内，当当网图书总数达 400 多万种，其中 100 万～200 万为外文图书，自营图书也有 100 多万种；与天猫合作的当当网天猫旗舰店于 2012 年 11 月上线试运营仅仅几天，日销售额便破千万。在追求规模效益的同时，当当网也在不断优化品类，提升图书业务整体毛利率。当当网还不断向出版社上游渗透，拥有自有品牌定制图书。

（1）当当网数字阅读　当当网于 2011 年 12 月上线电子书平台，2013 年拥有最多的中文数字图书资源，数字商品超过 20 万种。作为国内最大的中文电子书平台，当当网通过电子书销售平台＋PC、手机、Pad 客户端＋都看电子书阅读器为用户提供全方位电子阅读体验。2015 年起，当当网全力打造数字阅读生态圈，构筑无线阅读产品矩阵，创建内容创意工场，通过孵化投资 100 个小微工作室，颠覆传统出版方式，适应移动互联时代轻阅读的趋势，目标是占领正版阅读市场 60％以上的份额。同时，为适应新业务发展，数字阅读业务独立运营，新办公场地同时也是小微工作室的孵化基地。

（2）当当优品　当当优品为当当网旗下自有品牌，于 2012 年 4 月上线运营，价格定位中低，涵盖家居、家纺和服装等品类，定位于"互联网优质生活品牌"，致力于为客户提供低价的好商品，经营范围涉及内衣、衬衫、夹克、风衣等不同品类。这标志着当当网正式进军垂直类电子商务市场，仅几个月内当当优品销售额就突破千万，实现盈利。

（3）尾品汇　尾品汇于 2013 年 5 月正式上线运营，旨在为服装品牌商清理库存尾货而推出的限时特卖频道，定位中高端，走精品尾货特卖路线，采用"名品三折特卖，专柜正品，每日 10 点上新，限时抢购"的"闪购"模式，一般每个品牌上线 3～5 天，以知名线下品牌和淘品牌为主，采取铺货式平台模式。手机客户端也会于每日及时更新，在保证与当当网网站内容相同的同时，为用户及时获取准确、新鲜信息提供了更为便利、快捷的渠道。经常会有图书参加尾品汇清仓，值得一看。

7. 亚马逊中国

亚马逊中国（www.amazon.cn 或 z.cn）前身
为卓越网，卓越网创立于 2000 年，为客户提供图
书、音像、软件、玩具礼品、百货等各类商品；
2004 年被亚马逊公司收购后，成为其子公司，名称变更为卓越亚
马逊；2011 年 10 月，卓越亚马逊正式更名为亚马逊中国。同时，
启用了针对中国消费者量身定做的世界最短域名 z.cn，给消费者
提供了更快、更便捷访问亚马逊中国网站的途径，也大大便利了移
动设备用户的访问。亚马逊中国保持高速增长，已拥有 28 大类、
近 600 万种商品，涉及图书、影视、音乐、软件、教育音像、游
戏/娱乐、消费电子、手机/通讯、家电、电脑/配件、摄影/摄像、
视听/车载、日用消费品、个人护理、钟表首饰、礼品箱包、玩具、
厨具、母婴产品、化妆、家居、床上用品、运动健康、食品酒水、
汽车用品。亚马逊中国总部设在北京，并成立了上海和广州分公
司，致力于从低价、选品、便利 3 个方面为消费者打造一个可信赖
的网上购物环境。

（1）Z 秒杀促销活动 Z 秒杀促销活动是限时限量的超低价抢
购活动，此页面最上方的"镇店之宝"是精选商品，最值得关注。
所有秒杀促销商品均出现在 Z 秒杀页面，Z 秒杀入口位于首页左上
方，由于 Z 秒杀活动时间短、数量少，消费者需要尽快下单完成
支付。同种秒杀促销商品针对每位客户限购一次。如果 Z 秒杀商
品被全部订购，但并非所有买家都已确认订单，这时可点击"加入
排队列表"，注意查看自己在排队列表中的位置，以及是否能获得
优惠。

（2）促销优惠码 促销优惠码仅供消费者在亚马逊中国下单时
使用。一般情况下促销优惠码是英文字母组合或英文字母与数字组
合。消费者在促销活动页面中查看促销详情，有时可以直接领取代
码，并在"选择支付方式"页面输入促销优惠码享受优惠。需要注

意的是使用促销优惠码购买的商品虽然可以取消或退换，促销优惠码却不会返还到账户，而且促销优惠码不能用于购买礼品卡或支付配送运费。

（3）买赠促销活动　参与买赠促销活动，消费者需将赠品添加至购物车，将促销活动页面提供的优惠码准确输入或复制粘贴到订单确认页面的"输入充值码或促销优惠码"处，点击充值后，可抵赠品的金额。

8. 唯品会

唯品会（www.vip.com）于 2008 年年底上线，主营业务为品牌折扣商品，率先在国内开创了"名牌折扣＋限时抢购＋正品保障"的创新电商模式这一独特的商业模式。即每天10：00和20：00准时上线 200 个正品品牌特卖，以低至 1 折的价格进行 3 天限时抢购，为消费者带来"网上逛街"的愉悦购物体验；并持续深化为"精选品牌＋深度折扣＋限时抢购"的正品时尚特卖模式，在线销售服饰鞋包、美妆、母婴、居家等品类。唯品会以"零库存"的物流管理以及与电子商务的无缝对接模式，得以在短期内在国内电子商务领域占有一席之地，并于 2012 年 3 月在美国上市。

唯品会倡导时尚唯美的生活格调，主张有品位的生活态度，致力于提升中国乃至全球消费者的时尚品位。腾讯和京东于 2017 年年底入股，两者共拥有 12.5％的唯品会股份。唯品会现有 45 000 名员工，累计合作品牌接近 20 000 个。其中，2 200 多个为全网独家合作，注册会员 3 亿。2016 年订单量近 2.7 亿单，2017 年第二季度净营收增至 175.2 亿元。五大物流仓储中心分布在天津、广东、江苏、四川、湖北，分别服务华北、华南、华东、西南及华中的顾客，仓储面积超过 220 万平方米，覆盖 100 多条公路的干线运输，并与各大航空公司战略合作、拥有专属舱位的航空货运，已建立覆盖全国县、乡（镇）的 3 500 多个自营配送点为一体的仓储、运输配送体系及仓库、运输团队，自有配送员近 27 000 名。

（1）唯品币 唯品会的会员专享回馈服务，会员在唯品会购物平台（包括 PC 端和移动端）通过购物消费获得相应的唯品币奖励，订单状态为"已发货"24 小时内获得相应唯品币奖励，具体数量以订单提交成功页显示数量为准。唯品币可用于购物时抵扣订单支付金额，也可在"会员俱乐部"使用唯品币兑换商品。订单发生退货，退款时系统将自动返 1 000 个唯品币（价值 10 元）至会员账户作为退货运费补贴；退货按比例扣减订单获得的唯品币，若订单拒收则扣减订单所获全部唯品币。唯品币采用年度滚动清零方式，会员当年获得的唯品币可使用到次年的 12 月 31 日，逾期未使用的唯品币将于到期后自动清零。如 2016 年度获得的唯品币，有效期至 2017 年 12 月 31 日，2018 年 1 月 1 日 00：00 自动清零。使用唯品币支付的商品如发生退货或拒收，退回的唯品币有效期时间不变，如唯品币退回时已过有效期，则直接进行作废处理，不再返回。

（2）新人专享优惠 目前，在唯品会新注册的会员享受首单后 7 天内的任意订单免邮费的优惠，系统同时会赠送一张 20 元面额的女装优惠券，需要用户自行领取，有效期为领取后的 7 天内。

9. 顺丰优选

顺丰优选（www.sfbest.com）由知名的顺丰速运所属的顺丰商业集团倾力打造，以"优选商品、服务到家"为宗旨，依托线上电商平台与线下社区门店，为用户提供日常所需的全球优质美食。顺丰优选的商品覆盖全球 60 多个国家和地区，深入国内外产地直采合作，品类覆盖肉类海鲜、熟食蛋奶、水果蔬菜、酒水饮料、休闲食品、冲调茶饮、粮油干货等。由顺丰成立的质量与食品安全部门引入了全球领先的质检认证标准（SGS），实现从采购到销售的全流程监管。专注原产地采购，国内外直采正品保障；专享世界特色美食，足不出户坐等全球美味；为地方特产提供从品牌包装到流通、销售的全供应链管理服务；家庭高端定制服务为用户提供可根据家庭需求选择不同的商品组合服务；专业冷链存储运输，生鲜美食品质无忧；专属物流快速送达。

在顺丰优选注册（包括手机、邮箱注册验证和完善个人资料）、有效购物、评论等都将获赠送相应的积分，顺丰优选会对用户获得的积分逐次累积。优选 200 积分＝1 元人民币，速运 1 000 积分＝1 元人民币，积分最小支付单位均为 0.01 元，即优选 2 积分起即可支付，速运 10 积分起即可支付；积分可全额支付订单及运费金额。积分有效期以自然年为单位积累，当年获得的积分在次年 12 月 31 日之前必须消耗完毕，否则逾期自动失效，账户中只留存次年获得的积分。

10. 我买网

我买网（www.womai.com）是中粮集团于 2009 年投资创办的食品类 B2C 电子商务网站，是中粮集团"从田间到餐桌"的"全产业链"战略的重要出口之一。网站经营的不仅有中粮制造的所有食品类商品，还精选国内外优质食品、酒水饮料，囊括全球美食与地方特产，是居家生活、办公室白领和年轻一族首选的"食品网购专家"。我买网拥有完善的质量安全管理体系和高效的仓储配送团队，以奉献安全、放心、营养、健康的食品和高品质的购物服务为己任，致力于打造全国领先的安全优质并独具特色的食品购物网站。

成功购买一件商品，即可获得我买网积分，具体数量商品详情页有显示，订单成功签收后到账，然而部分特惠组合礼包商品及我买团全部商品没有积分。评价商品审核通过获得 10 积分，每件商品前 5 位通过审核的评论可获得 20 积分。发表商品口碑报告，添加实拍照片，通过审核即得 100 积分。签收订单时如果将包裹纸箱退回给配送员，我买网将赠送 100 积分。在手机 APP 评价商品审核通过获得 10 积分。积分可在我买网积分商城兑换商品折扣券和满减券等，兑换的礼券及兑换积分不能退回，同类礼券每笔订单限使用 1 张且仅限本账户使用，不能折算现金，每种卡券每名用户 1 天仅限兑换 1 张，另外积分也可以抽奖。我买网账户以自然年为单位累积积分，当年获得的积分必须在次年 12 月 30 日之前消耗完，否则逾期自动失效，账户中只留存次年获得的积分。

11. 中国新蛋网

中国新蛋网（www.newegg.cn）是依托著名的美国新蛋网创立的电子商务网站，利用强大的全球化集约采购优

势、丰富的电子商务管理服务经验和先进的互联网技术提供新潮、广受好评的电脑配件、数码产品和时尚用品。中国新蛋网秉承集团"让购物成为享受"的宗旨，致力于为用户提供丰富的商品、便捷的购物方式和完善的售后服务，打造一流的网上购物体验。中国新蛋网严格按照国家法规政策经营，产品皆为正规渠道引进合法的原装正品，有完善的保修、退货与售后服务制度。每一件商品都提供实物的高清数码照片、详尽的技术性能指标和制造厂商介绍，让用户更准确全面地了解所需商品。另外，新蛋网还采用多种便捷的支付方式和安全快速的配送体系，通过先进的互联网技术进行订单的实时跟踪，保证每一位客户资料的安全与保密。

新蛋积分：在新蛋网成功购物，对商品发表评论并审核通过即可获得相应的积分，在 2010 年 8 月 31 日之前获得并且未使用的所有积分，其有效期将保持不变；自 2010 年 8 月 31 日起获得的积分都是一年内有效。使用积分时，优先使用最近有效期截止时间的积分，超过有效期未使用的积分自动作废。每个积分在购物时抵扣 0.1 元，同时也可参与新蛋网不定期举办的积分兑换礼品活动和积分抽奖活动；积分只可兑换商品或礼品，兑换后产生的运费、保价费、手续费（网上支付）等必须以现金支付。同一订单中，积分无法与蛋券同时使用。

12. 拼多多

拼多多是基于商家入驻模式的第三方移动社交电 商平台，也是 C2B 社交电商的开创者，成立于 2015 年 9 月。拼多多将沟通分享与社交理念融入电商运营中，形成了新颖独特的社交电商思维：由用户发起邀请，在与朋友、家人、邻居等拼单成功后，能以更低的价格买到优质商品。核心竞争力在于其创新的模式和优质低价的商品，用拼单吸引用户和订单大量迅速地涌入，丰厚的订单使拼多多直接与供货厂商或国外厂商品牌的国内总代理合作对话，省掉诸多中间环节，由此体现价格优势。与其他电商自主搜索式购物完全不同，拼多多充分利用国内活跃用户数量排名第一的社交工具微信，以拼单模式在购物行为中融入游戏的乐趣，让原本单向、单调的购物行为进化为朋友圈内互动的拼单购物，令用户享受全新的共享式购物体验，自然而成功地将移动社交流量变现为电商红利。拼多多通过聚合性需求的模式创新，可以为生产侧带来极其宝贵和有效的信息，同时以"社交＋"的方式有效刺激潜在消费需求。因此，拼多多在加强供给侧充分竞争的同时，还可以促进供给侧与需求侧的融通，进而有助于推动中国制造优化升级，推进供给侧结构性改革。

上线未满一年，拼多多的单日成交额即突破 1 000 万，付费用户数突破 2 000 万。现有海淘、服饰箱包、数码电器、食品饮料、家居生活、美妆护肤、家纺家具、母婴玩具、水果生鲜九大类目。2016 年，拼多多在腾讯应用宝软件发布"星 APP"榜 5 月综合榜单排名第二，与唯品会共同成为当月榜单中两大电商类 APP，稳坐国内社交电商头把交椅，随后再次获得"星 APP"月度"十大流行应用"奖项。

13. 其他网站

（1）易迅网（www.yixun.com） 国内知名的 3C 数码电商平台，成立于 2006 年，曾经是腾讯旗下电商网站。2014 年被京东收购，后来转型，网站内容主要为选购信息与评测。

（2）飞牛网（www. feiniu. com） 大润发超市的网上商城，2018 年 2 月 5 日，整体改版为大润发优鲜，倾力打造年轻、时尚、便捷、精致的互联网生鲜超市。主要以 APP 为载体实现了线上服务、线下体验的新零售模式，配送范围为全国大润发门店周边 3 公里内。原飞牛网订单可在大润发优鲜 APP 中查询，同时原飞牛网账户中的积分自动升级为大润发优鲜优惠券。

第二章
新锐时尚的跨境购物网站

常见的跨境购物方式有五种：一是 C2C 平台上的个人代购，比如早期的淘宝代购以及后来的洋码头代购等；二是 B2C 的跨境平台，如天猫国际，是海外商家入驻的模式；三是海淘，指消费者自助海外线上购物，有些海外网上商城支持中国信用卡和借记卡，消费者自己去网站下单；四是大型电商平台提供的跨境直采（平台自营），比如京东海外购的自营部分和亚马逊海外直采，以平台自营为主，具有较高的信誉度。本部分内容所讲的跨境购物网站主要是指这种形式，其实这种形式的海外购是国内购，即电商平台去海外直接把商品采购到国内保税区仓库再通过网络商城销售，所以购物时都由国内快递派送。需要注意的是保税进口模式是一般贸易的模式，需要按一般贸易缴纳关税。虽然这个关税是平台来交，但是在实际购物流程中这些税金最后是要加到零售价格里的，有时电商平台大促销可能会采取商家包税或以优惠券形式对税款进行补贴。五是跨境直购，这种跨境电商平台不是进口直采，也不是天猫国际的商家入驻模式，是在平台接受消费者订单并大多接受人民币付款，基本跟国内网购一样。

目前国内主要的跨境购物网站如下：

1. 天猫国际

天猫国际（www.tmall.hk）由阿里巴巴集团于 2014 年 2 月 19 日宣布正式上线，主要为国内消费者直供海外原装进口商品。入驻天猫国际的商家均为中国大陆以外的公司实体，具有海外零售资质，销售的商品均原产于或销售于海外，通过国际物流经中国海关正规入关。所有天猫国际入驻的商家为其店铺配备旺旺中文咨询，并提供国内的售后服务，消费者可以像在淘宝购物一样使用支付宝买到海外进口商品。物流方面天猫国际要求商家 120 小时内完成发货，14 个工作日内到达，并保证物流信息全程可跟踪。天猫国际自 2013 年 7 月招商以来，中国香港第二大化妆品集团卓悦网、日本第一大保健品 B2C 网站 Kenko、美国梅西百货、美国最大保健品集团 NBTY 等海淘平台陆续在天猫开设海外旗舰店。2015 年 5 月，天猫国际宣布启动首个国家馆——韩国馆之后，阿里巴巴集团旗下聚划算和天猫国际联合开启"地球村"模式，现有美国、日本、韩国、澳大利亚、英国、法国、德国、泰国、新西兰、意大利、荷兰、西班牙、加拿大、俄罗斯、丹麦等天猫国际国家馆及中国台湾和香港两个地区馆。

天猫国际首页右侧的官方直营频道是天猫官方直采自营店铺，保证假一赔十、极速发货以及 30 天无忧退货。

2. 京东全球购

京东全球购（www. jd. hk）是京东集团国际化战略布局重点业务之一，致力于为国内消费者提供海外直供的商品。自 2015 年 4 月 15 日上线以来，吸引了近 2 万个品牌入驻，库存量近千万，覆盖母婴、营养保健、个护美妆、3C、手表、家居厨具、进口食品、汽车用品等众多产品品类，遍及美国、加拿大、韩国、日本、澳大利亚、新西兰、法国、德国等 70 多个国家和地区。

京东全球购包含：全球特卖、全球直采（京东全球购自营并负责售后）、国家地区馆、全球名店等分类栏目。

3. 苏宁海外购

苏宁海外购（g. suning. com）于 2014 年 12 月上线，采用"自营直采＋平台海外招商"模式。目前，拥有来自美国、英国、德国、荷兰、日本、韩国及中国香港等多个国家和地区的畅销品牌，主要有母婴、美妆、食品保健、3C 电器、日用百货五大类目。依托在中国香港、日本、美国等的自采团队和供应链，苏宁易购相继上线了上述三地的品牌馆，并于 2015 年 7 月上线了韩国馆。目前，苏宁欧洲馆热门品牌包括飞利浦、兰蔻、雅漾、双心等，品牌为欧洲品牌，卖家除欧洲卖家外，还包括香港苏宁海外旗舰店等。

4. 亚马逊海外购

2014 年 10 月 29 日，亚马逊中国开通了亚马逊旗下海外六大站点直邮中国的服务，开通直邮的品类皆为各个站点最具本地特色以及备受中国消费者喜爱的选品，如鞋靴、服饰、母婴、营养健康及个人护理等。商品均为亚马逊海外网站的在售商品，由亚马逊海外站点直接发货，并通过亚马逊全球领先的物流配送至中国顾客手中。亚马逊海外购（www. amazon. cn/b? node＝1403206071）保证商品均为纯正海外销售商品，消费者可享受到来自亚马逊美国、德国、西班牙、法国、英国和意大利在内的共计 8 000 多万种国际商品，包括来自美国亚马逊的 2 500 万种、德国亚马逊的 1 200 万种、西班牙亚马逊的 1 200 万种、法国亚马逊的 1 000 万种、英国亚马逊的 1 000 万种和意大利的 800 多万种。帮助消费者快速处理清关手续，并提供三种（标准、加快、特快）可选配送服务。亚马逊美国站点大幅调降了直邮中国的国际运费并缩短直邮配送时间，平均运送时间缩短为 9～15 天，最快 3 个工作日就可以送达消费者手上。在商品详细页面中，凡标有"海外购＋美国国旗""海外购＋英国国旗""海外购＋日本国旗"或"海外购＋德国国旗"图标的商品均属于亚马逊海外购直邮商品。由于亚马逊海外购商品由亚马逊境外网站出售，交易发生在亚马逊境外网站所在的原销售地，适用于亚马逊境外网站规定的法律、法规、标准、规范和惯例等。因此，可能与中国境内出售的商品有所不同，厂商提供的保修或其他售后服务可能不覆盖中国，以厂商的售后条款为准。消费者在购买亚马逊海外购商品前需要登录品牌官网全面了解商品信息，并在使用商品前仔细阅读产品手册和说明书，以免发生问题或造成损失。

5. 网易考拉海购

网易考拉海购（www.kaola.com）是网易旗下跨境电子商务网站，于 2015 年 1 月上线，涵盖母婴、美容彩妆、家居生活、营养保健、环球美食、服饰箱包、数码家电等品类。作为"杭州跨境电商综试区首批试点企业"，主打自营直采的理念，在经营模式、营销方式、诚信自律等方面取得了不少建树，获得由中国质量认证中心认证的"B2C 商品类电子商务交易服务认证证书"，认证级别四颗星，是国内首家获此认证的跨境电商，也是目前国内首家获得最高级别认证的跨境电商平台之一。在美国、德国、意大利、日本、韩国、澳大利亚及中国香港、台湾设有分公司或办事处，深入产品原产地直采高品质、适合中国市场的商品，从源头杜绝假货，保障商品品质的同时省去诸多中间环节，直接从原产地运抵国内，在海关和国检的监控下，储存在保税区仓库。除此之外，网易考拉海购还与海关联合开发二维码溯源系统，严格把控产品质量。网易考拉海购以 100% 正品、天天低价、7 天无忧退货、快捷配送等特色提供给消费者海外商品的购买渠道，支持网易宝、支付宝、网银、信用卡等支付方式。

6. 丰趣海淘

2015 年 10 月，原"顺丰海淘"更名为"丰趣海淘"。丰趣海淘（www.fengqu.com）由上海牵趣网络科技有限公司营运，是国内行业领先的自营跨境电商平台，提供在线网站、移动客户端、微信移动版等多渠道电商服务，也是国际供应链布局全面领先的跨境电商，极速保税和跨境直邮双线服务并行。销售品类包含母婴儿童用品、美妆个护、食品生鲜、保健品、3C家电、流行鞋包、家居生活等上万款式商品，提供更丰富有趣的生活居家选择。用户可以通过购买商品赠券、参加商城各类活动等形式获得优惠券。用户选购完商品后，进入结算流程，在"订单信息确认"页面的"结算信息"版块，点击"使用优惠券抵消部分总额"，选择可使用的优惠券即可。

7. 西集网

西集网（www.xiji.com）隶属于西集香港有限公司，2015年4月正式上线，是一家全球采买、全球发货的国际综合电商平台，专注于收罗全球心动好物，为全球消费者提供优质、优价、有特色的商品及服务，采用自营商城模式，定位年轻时尚追求个性和生活质量的人群。西集在中国、日本、美国、德国等全球多个国家拥有全资子公司，对接当地优质渠道，直接与国际品牌产品和服务供应商合作，以确保为西集自营提供保真且丰富的产品线，把质优高性价比的商品及服务带给各国消费者。西集还在全球多个地区具有成熟的供应链管理运营团队，配备最先进、卫生、管理规范的仓库，完成高品质的仓储和物流配送及完善的售后体验，并提供全球特色生活服务、最新教育资讯。整个国际业务流程遵循所在国的法律、质量标准、环保标准和相关法规，全程高效、规范。西集网的经营范围涵盖美妆个护、家电数码、家居日用、保健护理、食品生鲜、服饰鞋包、母婴玩具、运动户外、生活服务、教育咨询等，现已开通日本、美国、澳洲、新西兰、德国、英国、瑞典及中国香港、台湾等国家及地区的货品馆，用户遍布中国、美国、加拿大、日本、欧洲、澳新等全球各地，西集网将不遗余力地把更多心动好物带给全球各地的用户。

8. 奥买家全球购

广东奥园奥买家电子商务有限公司，是香港上市名企——中国奥园地产集团旗下的跨境电商企业，2015 年 7 月注册成立，经广州海关备案批准开展跨境电商进口和出口业务。奥买家（www. aomygod.com）致力于打造全球跨境电商新零售平台，以大数据为基础，以商业智能为驱动，坚持 B2C＋B2B 融合发展、线上线下双线布局的商业模式，利用奥买家的大数据推荐技术，精准服务线上用户；同时依托专业的供应链和技术优势发展新零售，为消费者提供线上线下全方位的全球购物体验。奥买家全球购形成了 PC 端网站、移动端 APP、微信商城和线下门店四大购物场景。海外母婴、美妆个护、服饰箱包、食品酒水、家居百货、平行进口汽车等品类全力领航，数千个知名品牌，覆盖了 50 个国家和地区，真正帮助用户实现"挑遍全世界"。

奥买家坚持"线上＋线下"融合发展，以线上平台为依托，通过运用大数据、人工智能、专业运营等手段，对商品的生产、流通与销售过程进行升级改造，进而重塑业态结构与生态圈，发展"线上服务＋线下体验"深度融合的新零售模式，很好地解决了客户对商品的体验度不足的痛点。目前，奥买家线下设立有奥买家跨境电商奥园广场直营店，全国各地开设有奥买家加盟店 10 家，给消费者带来更多看得见、摸得着的购物服务及体验。

奥买家平行进口名车是奥买家电商公司旗下的重大业务版块，是广州市首批 13 家平行车试点单位之一，经商务部备案，开展平行汽车进口业务。公司位于广州市番禺区汉溪大道奥园城市天地，现有展厅面积 2 000 平方米。产品主要以平行进口汽车为主，其中有宾利、玛莎拉蒂、保时捷、路虎、奔驰、宝马、奥迪、进口丰田等知名品牌。奥买家平行车具备海外一手货源的采购、运输、信用证业务、海关清关、销售及售后一体化业务条件。采取自采自营严格把控模式，随车提供货物进口证明书（关单）、随车检验单（商检）、车辆一致性证书、车辆购置发票、进口车辆电子信息等文件，消费者合法权益有保障。奥买家平行车注重线上浏览咨询、线下一站式对比购车，提供交车前 PDI 全车检验、金融保险服务、物流、售后维保等全方位服务。

9. 蜜芽

蜜芽（www.mia.com）的前身是蜜芽宝贝，于2011 年创立，2015 年 7 月升级为蜜芽，是中国首家进口母婴品牌限时特卖商城，也是国内估值最高的跨境母婴电商。旨在创造简单、放心、有趣的母婴用品购物体验，主营业务为热门进口母婴品牌以低于市场价的折扣力度每日限时特卖。上线 3 年的蜜芽完成 E 轮融资，团队人数 1 000 多人，用户数达到 3 000 万。蜜芽承诺所售商品为 100％正品，公开分享采购渠道，坚持向品牌方/总代理/原产地直接采购，公布授权书和采购单，接受政府、协会和消费者的共同监督，用严谨甚至保守的供应链管理为宝宝们把好第一道关，让妈妈们回归简单、放心、有趣的购物体验。目前，蜜芽平台销售的七成以上品牌源自海外，蜜芽认为好的母婴产品不应该有国界，中国的宝宝们值得享受世界范围内最好的产品，而蜜芽是这一过程的筛选员、搬运工和服务员。

10. 寺库网

寺库网（www.secoo.com）于 2008 年成立，作为中国领先的线上线下精品生活方式平台，2017 年 9 月22 日正式在美国上市。在线上，作为行业领导者，已拥有中国 25.3％及亚洲地区 15.4％的高端市场份额；线下在北京、上海、成都、青岛、天津、香港、米兰等城市的中心地段开设了实体体验店，多方位为 1 600 多万高端用户提供最值得信赖的全球化服务。拥有国内最专业、权威的奢侈品鉴定团队和奢侈品养护工厂，也是中国检验认证集团的战略合作单位和技术方。网站包含箱包、腕表、服饰、高端旅行、珍馐、享乐、艺术品、中国精品、豪车、私人飞机等品类与来自全球超过 30 万件的精品，与超过 3 000 个高端品牌合作，拥有如 Versace、Salvatore Ferragamo、Sergio Rossi、La Perla、TAG Heuer、Pomellato、Roberto Cavalli、TOD'S、Roger Vivier、Lamborghini 等国际一线品牌的直接授权，100％真品保证，带给消费者最安心的消费体验。

第三章
买遍全球的海淘网站

　　海淘即海外（境外）购物，通过互联网检索国外购物网站的商品信息，并通过电子订购单发出购物请求，填写个人信用卡号码或使用支付平台（支付宝、PayPal 等）付款，由国外购物网站通过国际快递发货，或是由转运公司代收货物再转寄回国。海淘的兴起得益于日益便捷的网络购物渠道，而国内消费者购买力的提高以及人民币国际支付能力的增强也是重要原因。在海淘热潮兴起的背后，其实更深层次的原因应该是国内消费者对国外品牌商品在国内售价居高不下的不满，国外购物网站所售商品的价格，常常是国内品牌专柜价格的七到九折，买三免一也属于经常性的促销，如果恰逢"黑色星期五"或者是圣诞节大促，价格可能会更低。

　　海淘的优点有：在家逛国际商店，订货不受时间、地点的限制。商品选择更多，可选余地更大，能买到国内没有的商品。海外商品价格比国内专柜价格便宜很多，且海外购物网站经常会有打折促销活动。随着人民币汇率的升高，人民币的购买力增强。国内的奢侈品市场假货充斥，没有专业人士的协助很难识别真假，然而在海外购物网站，尤其是知名网站的自营商品可以放心购买，几乎无需担心假货。

　　海淘的缺点有：语言不通，海外购物网站大多是外语界面，相对国内网购有困难；有的网站提供中文站点，价格却比英文网站提高不少。国际配送周期长且相对国内配送风险大，各环节物流快递的素质参差不齐，转运行业没有规范的企业规定，出现问题无处投诉。消费者使用中国发行的信用卡没有拒付权，且不被大多数海外网店接受。物流、金流、信息流运作过程中有任何问题需打国际长途用英语与各方沟通，并不是每个人都有能力发送国际邮件，退换货也不方便。网络支付不安全。因信用卡资料由国外网站保管，且国外信用卡支付系统交易无需密码，传输过程中可能存在信用卡盗刷的情况。所以要确保网络环境安全、电脑中没有任何潜藏的木马病毒。消费者接触到的转运公司属于中介性质，可能并非真正的具有通关资源的国际物流渠道商。这些转运公司的费用有可能不比专业代购收费低。各国的政策变动频繁，而且随着越来越多的各国政策变化给海外消费者带来潜在的风险和困惑，比如新西兰奶粉出口政策的收紧。

虽然海淘相比国内网购具有更多的不可控性，但是对于某些美妆用品、鞋服箱包来说，海淘保真且远低于国内专柜的价格实在让人心动不已。俗话说"一回生、二回熟"，事先做足功课，花几分之一的价格即可将心仪的商品收入囊中还是非常值得与庆幸的事情。

两种海淘物流：直邮和转运。直邮顾名思义就是购物网站接受中国的信用卡或支付平台付款并直接邮寄到中国，优势在于直邮简单方便，丢单、破损可以直接与购物网站交涉补发。尤其是欧洲海淘的直邮优势更为明显，由于欧洲的商品全部加收 17％消费税，如果选择直发海外则不用付消费税，价格更低。根据网友经验，对于一般物品省下的消费税基本上可以抵消国际运费；但如果选择转运方式，所交的税款不能退还消费者，而且还需要消费者再支付转运费用。劣势在于支持直邮的海外购物网站较少，运费相对较贵，需要具体问题具体对待。

转运指国外购物网站接收国内银行签发信用卡付款，却不能直接邮寄到中国，需要邮寄到转运公司提供的购物网站所在国家当地的收货地址，即转运公司的当地仓库，转运公司帮消费者完成签收、打包、合箱、称重、空运、清关等一系列的流程，并负责将商品寄到中国消费者的手中。优势在于可选择的商品余地非常大，毕竟只有为数不多的国外购物网站提供直邮，有些直邮的网站费用很高，转运相对比较便宜。转运速度有保证也可以根据物流单号跟踪。劣势在于需要使用变通手段避开消费税，而且运送周期长，若运输出现问题不便交涉。

以下介绍十家海淘网站，由于海淘网站数量庞大，本书内容有限，仅介绍比较常见且销售常用商品的网站。如果是手头宽裕、尤其喜欢小众冷门商品的读者，可以自行去"知乎"等论坛查询其他的海淘网站。由于互联网上关于海淘的教程比比皆是，也请读者自行查阅学习。

1. 海外亚马逊

亚马逊公司创立于 1995 年，财富 500 强公司，美国最大的网络电子商务公司。其总部位于美国华盛顿州的西雅图，是全球商品品种最多的 网上零售商和全球第三大互联网公司，旗下包括 Alexa Internet、SHOPBOP、WOOT！和互联网电影数据库（Internet Movie Database，IMDB）等子公司。为客户提供数百万种独特的全新、翻新及二手商品，多元化的产品包括图书、影视、音乐和游戏、数码下载、电子和电脑、家居园艺用品、玩具、婴幼儿用品、食品、服饰、鞋类和珠宝、健康和个人护理用品、体育及户外用品、玩具、汽车及工业产品等。

美国亚马逊、英国亚马逊、德国亚马逊、法国亚马逊、意大利亚马逊、西班牙亚马逊、日本亚马逊都是海淘需要的网站，导购网站经常会有优惠信息推送。尽管其他非英语国家的亚马逊网站的显示语言没有英语易懂，购物流程是一样的，方便用户下单海淘。日本亚马逊是日本海淘首选，价格实惠并且支持双币与转运。

美国亚马逊（www. amazon. com）特价商品种类大多为美妆、鞋服箱包、小电器、3C 产品、保温杯等。英国亚马逊（www. amazon. co. uk）特价商品种类大多为母婴用品、音像、鞋服箱包、3C 产品、腕表等。德国亚马逊（www. amazon. de）特价商品种类大多为美妆洗化、鞋服箱包、小电器、3C 产品、厨具、文具、玩具等。法国亚马逊（www. amazon. fr）特价商品种类与德国亚马逊差别不大。意大利亚马逊（www.amazon.it）特价商品种类与德国亚马逊差差别不大。西班牙亚马逊（www.amazon.es）特价商品种类与德国亚马逊差差别不大。日本亚马逊（www.amazon.co.jp）特价商品种类大多为母婴用品、药品、美妆、鞋服、小电器、3C产品、保温杯等。

Kindle电纸书阅读器是亚马逊网站的拳头产品，引领着电纸书阅读器潮流，受到众多读者的喜爱，也是海淘的热门产品。不过不支持直邮，而且多数转运公司不承运。

2. eBay

全球网民在网上买卖物品的线上拍卖及购物网站，于1995年9月4日创立于美国加利福尼亚 州圣荷西，1997年9月正式更名为eBay（www.ebay.com）。如今已有来自全球29个国家的卖家，近1.5亿注册用户，成为全球最大的电子集市。每天有涉及几千个分类的数以百万计的家具、收藏品、电脑、车辆在eBay上刊登卖出，有些物品稀有且珍贵。然而大部分的物品可能只是满布灰尘、看起来毫不起眼的普通物品，虽然这些物品不受重视，然而如果能在全球性的大市场贩售，其售价有可能翻很多倍。只要物品不违反法律或者不在eBay的禁止贩售清单之内，即可以在eBay刊登销售，服务及虚拟物品也在可贩售范围之内。甚至大型跨国公司如IBM会利用eBay的固定价或竞价拍卖来销售新产品或服务。盈利模式是向每笔拍卖收取刊登费，从0.25~800美元不等，再向每笔已成交的拍卖收取一笔成交费，费用为成交价的7%~13%不等。由于eBay拥有PayPal（贝宝），所以有部分收益来自PayPal。最常见的优惠方式是无门槛立减、满额打折或者满额立减，一般情况需要在下单前使用优惠码。

简单来说，eBay和PayPal类似国内的淘宝和支付宝，一个是买卖商品的平台，另一个是支付平台。eBay上大多是个人卖家，从管理上来说比淘宝网严格，一旦发现违规和出售假冒商品的情况，卖家的 PayPal 账户和 eBay 账户都会被关闭，可信度比较高。为了保险起见，一定要选择好评卖家，商品页面详情右上方的卖家信息带有黄色圆牌"Top Rated Seller"字样即为金牌卖家

Top-rated seller，这类卖家不仅在用户评价、交易金额、发货速度等方面要达到一定标准，还需要提供更优质的买卖服务才能获得认证，比如更加完善的退款/退货服务等，通常而言这类卖家是相对可靠的。另外，官网入驻的卖家，如 bestbuy、newegg、ashford、jomashop 等货品质量可靠，和官网购买没有区别。交易量大的卖家，难免会出现销售问题，买家遇到问题一定要在发起交易的 30天之内联系卖家，3 天内没有回复，就可以请 eBay 介入，网友建议使用 PayPal 介入效果可能会比 eBay 要好。

3. 梅西百货

梅西百货（www.macys.com）是美国联合百货公司旗下公司，也是美国历史最悠久的百货集团之一，成立于 1858 年，

定位为高档百货商店，主要经营服装、鞋帽和家庭装饰品，以优质的服务赢得美誉。公司规模虽然不是很大，在美国乃至世界都有很高的知名度。它的理念是：顾客是企业的利润源泉，员工是打开这一源泉的钥匙。从纽约曼哈顿的小商铺发展为全美国最大的连锁百货商店，汇聚众多知名品牌，在美国有 800 多家门店，深受美国人的信任与喜爱，实体店也是世界各地观光客必去的商店，其网上商城销售女装、男装、童装、箱包、鞋履、床上家纺、家居用品等。每年"黑色星期五"的优惠活动力度大，近年来也推出中文网站和支付宝并提供海外直购服务。需要注意的是，梅西百货中文网站与美国官网共用发货仓库，两个网站分别独立运营，如果在电脑或手机端直接输入链接，会自动打开中文网站；如需浏览美国官网，中文网站的客服提供了两条建议：一条是使用 VPN 以中国大陆以外的 IP 访问，另一条是针对苹果手机注册国外 ID 后下载梅西百货美国版 APP 安装使用。

4. Ashford

Ashford（www. ashford. com）来自美国纽约，是世界知名的名表珠宝在线商城，美国网络零售商 500 强之一，成立于 1997 年，销售 70 多个国际知名品牌的 4 000 余款货品，折扣力度大，性价比高，尤其在"黑色星期五"促销时更加划算。由于采取大批量采购库存的买手制形式，消费者总能找到高性价比的手表及珠宝产品。销售的每只手表均能保证 100％原装正品，不存在序列号篡改问题，原包装运送并附带使用说明，以及提供两年全面保修。支付方式有 PayPal、信用卡、银联卡、支付宝、微信支付等，具备完善的中文页面和中文客服，没有语言障碍，提供内地保修和香港自提服务，购物满 75 美元即可免费直邮中国。打开官网链接会自动跳转到中文页面，电话客服表示只是语言显示上有所不同，价格都是一致的。

5. 6pm

6pm（www. 6pm. com）是美国鞋服类最大的折扣购物网站之一，创立于 2004 年，是美国 Zappos 公司旗下的折扣店，其价格约为 Zappos 网站售价的一半。产品类别涵盖鞋、服装、包包、配饰等，拥有 1 300 多个在线品牌，商品更新时间一般是美国东部时间 1：30～2：00。由于是奥特莱斯性质，建议顾客抱着良好的心态去买，不要指望有最新款，遇到断码没有合适尺码也别灰心，因为这就是一家专门清货的网站。

6. WOOT！

WOOT！（www. woot. com）是美国著名的团购网站，创建于 2004 年，总部位于美国得克萨斯州卡罗敦，2010 年被亚马逊收购，是首批推出"一天团购一次"理念的网站，即每日销售一款打折商品。主要销售消费电子产品，后来增加了其他种类如酒类、鞋服、园艺工具、玩具、厨具等。电脑类产品大多是返厂维修品，不过价格确实够低，如果是官方翻新产品，其质量应该还是有保障的。

7. iHerb

iHerb（www. iherb. com）是美国最大的天然保健品网站，也是世界上知名度较高的销售天然产品的电商平台之一。成立于 1996 年，主打营养品、保健品和有机化妆品等高性价比的天然健康产品，拥有 1 000 多个品牌和近 40 000 种产品，涉及母婴、日常洗护、护肤品、化妆品、保健品等类目，其中洗护类主打植物有机类。打开主页后在左上方可选中文页面，还支持支付宝、微信支付、财付通、银联通道及信用卡等支付方式，适合海淘新手。

配送中心位于加利福尼亚州和肯塔基州，向全世界 150 多个国家提供直邮运输服务，国内快递由易客满和顺丰速运负责。每一笔订单都可能享受免邮或低廉运费，即消费者在购物车选购的商品越多，订单获得免邮的机会越大，有时甚至单品免邮，这需要消费者在购物车尝试不同的商品组合实现高性价比购物。iHerb 拥有业界内非常高的周转率，意味着产品在货架上平均只有 45 天，而且大多数产品可以在产品页面上查看保质期。配送中心拥有良好生产规范（GMP）证书，全部安装温控设备，保护产品不受湿度、热冷的影响。九成以上的快递箱使用 100％再生纸，四成的泡沫包装可回收。

8. Joe's New Balance Outlet

美国 new balance（新百伦）旗下的在线折扣特卖网站（www. joesnewbalanceoutlet. com），所售商品包含 new balance 的各个产品线，包括男、女及儿童运动鞋，运动服饰，休闲鞋等，很多商品为海淘热门鞋款并经常性地放出惊喜好价。每天主推一款商品，常有多重优惠。支付方面对国内银行卡和转运支持度还算友好，2015 年下半年有网友反馈有砍单情况，主要集中在使用某几个转运地址的订单，建议消费者在该网站购物时更换使用人数较少的转运公司，可以大大减少砍单概率，当然如遇砍单还需心态平和。平常购物满 99 美元免除美国境内运费，但也会推出全场免运费促销，"黑色星期五"更会推出全场折扣＋免邮大促。

9. 莎莎网

莎莎国际控股有限公司成立于 1978 年，为亚洲区居领导地位的化妆品零售集团，零售网络遍布亚太区内五个主要市场，以"缔造美丽人生"为品牌理念，并以独特的"一站式化妆品专门店"概念，为顾客提供多元化的优质产品及服务，凭借自身环球采购专长及透过大量购货提高议价能力，用心搜罗世界名牌并独家代理多个知名品牌，为顾客提供价格相宜、选择最多及最新的高质素商品，在亚洲区内享负盛名。莎莎现为亚洲最大的化妆品连锁店，在亚洲开设 270 多家零售店及专柜。莎莎网（www.sasa.com）为莎莎国际控股有限公司官方电子商贸网店，成立于 2000 年，为亚洲知名零售商。提供全天候一站式美容及健康产品网上零售服务，商品可以邮寄到全球十几个国家和地区，商品类别有护肤、彩妆、香氛（香水）、美容、美体及保健品及男士护理等约 50 000 多款商品，雅诗兰黛、欧树、赫莲娜、SK-Ⅱ等品牌都很热门，有很多在香港莎莎实体店买不到的化妆品在网店都能买到，不过某些热销款经常会断货。2017 年 4 月 1 日开始，香港直送商品订单满 ¥530 免邮费（满 ¥265 运费 ¥45、未满 ¥265 运费 ¥90）、保税仓商品满 ¥168 免邮费。付款方式支持支付宝、微信支付、财付通、银联通道及信用卡。需要注意的是下单前要根据收货地址选择在哪家分站进行购物，中国内地站只能配送到中国内地的收货地址，香港站只能配送到香港的收货地址，以此类推。

10. lookfantastic

lookfantastic（www. lookfantastic. com）隶属于英国知名电商集团旗下的 Look fantastic，是美容护肤精品在线商城，提供时尚、全面、专业、高品质的美妆产品与潮流购物体验，涉及领域广泛，各类热销产品包括美发、化妆、面部护理、护肤、美甲、美容美发电器、香水、身体护理、香氛、健康护理、家居和各类有机产品等，网站入驻品牌400 多个、商品 14 000 余种。每月顾客流量超 50 万，2015 年销售额 8 000 万英镑。作为欧洲极具影响力的美妆品直销网络平台，为用户提供如 Jurlique、Estee Lauder、Lancôme、Origins、Kérastase、Dermalogica、Fountain 等众多绿色环保的药妆、美容、生活品牌，以及各类植物系、有机美妆产品。网站承诺产品 100% 英国直邮，一次性消费金额大于等于 ￥380 元包邮，可选择全中文服务页面，适合海淘新手。支付方式包含支付宝、财付通、银联、PayPal 和信用卡。

> **海淘小贴士** 海淘新手建议先去 iherb 和亚马逊试手，后者毕竟是电商网站的领军网站，商品种类多，客服与售后等保障更好，最好购买自营商品。
>
> 海淘购物需节制，每个订单的商品数量最多几件，如需多买也要分成几个订单，可以大大降低被海关收税的概率。
>
> 海淘避免不了砍单，即在某些网站的购物订单被拒绝，原因很多，如姓名、地址、电话不符合网站要求都可能导致砍单。商家一般会发邮件通知顾客砍单的原因，因为国外网站的折扣优惠不希望以个人名义一次性购买太多。为避免砍单，转运公司尽量选择名气不大但有保障的，这样能最大程度避免砍单。如果遇到砍单，可以给官网客服发邮件说明情况，网友的经验有说明自己是这个网站的粉丝、很喜欢某款商品等，大多

情况下客服会有回应。

有些网站购物到达一定数量之后会有八至九折的优惠或者购物满某个金额门槛包邮等，因此在购物时办理会员卡或者尽可能凑单，可能会省下一笔不少的费用。

网友建议在海淘时用支付宝付款完成后千万不要手动关闭付款成功的提示页面，需要等待几秒钟让网页自动跳转回到该网站页面并显示付款成功后再关闭页面；如果手动关闭付款成功的页面，可能会导致付款失败。

▶▶▶▶ 第四章

提供优惠信息的导购网站

　　我们对于商场、超市里的导购人员司空见惯，在网购的时候会不会有这样的念头：如果也有个导购就好了！像在商场、超市里一样，网购的导购人员给顾客介绍商品的特点、价格，赠送什么样的礼品，享受什么样的服务……即使不是每个人都有选择恐惧症，试想一下打开电商平台首页，随便点开一个商品分类，面对密密麻麻的品牌、型号和价格，相信这种感觉是大多数顾客不愿意面对的。导购网站存在的意义就是帮助顾客选择，简化购物过程。由于网购商品信息繁杂，顾客对商品特点与价格风险难以把握，导购网站尽可能地介绍高性价比、口碑好的商品，帮助用户控制网购价格风险。和在实体店购物类似，在网络购物之前不仅要了解商品的价格与优点，还得需要知道商品的负面评价、哪些特点是商品必须具备的、哪些功能是顾客用不上的及同价位商品有哪些选择，这些都是导购网站的服务范围，省钱省时的消费决策是导购网站的服务内容。从导购服务来看，实体店的导购人员无法提供这些服务，最起码导购人员为了自己能拿到销售提成不会主动向顾客提及商品的缺点，更不会告诉顾客某商品曾经以什么样的最低价格销售过。所以导购网站的出现正好填补了网购服务的内容空缺，而且正规的导购网站相对中立，不会向顾客收取中间费用，它们的收入主要来自于商家的返点及广告。

　　导购网站数量众多，无论是国内还是国外，其服务形式无非有博客式、论坛式及汇总聚合其他导购网站信息的网站这么几种。导购网站成立之初，核心内容仅为实时优惠信息，做大做强之后多会转型为商品资讯、晒单和交流的综合性网站。导购网

是个舶来品，最早的英文导购网站应该是美国网站 www. slick-
deals. net 和 www. fatwallet. com（已关闭），包含美国各大电商
折扣信息，优惠信息主要来自论坛区的网友，显示在首页的是评
分较高和编辑精选的优惠。中文的导购网站，最大和最早的必须
要说北美省钱快报（www. dealmoon. com）和找丢网（www.
dealam. com）这两个美国网站，主要服务对象是北美华人，中英
双版显示可切换。国内的局面比较复杂，海淘和国内 B2C 领域必
须得说什么值得买（www. smzdm. com）；其次是拥有较大背景的
网站，如网易的惠惠、淘宝的一淘、太平洋网络的聚超值等；再
次是有一定的用户群与口碑、用心打造自己的网站，如慢慢买、
折 800 等。

对于导购网站来说，无论是国内还是国外，如果同时关注多家
导购网站，会发现每天的内容重合度相当高，原因在于各大电商平
台每天的热门优惠总体有限，除了网友四处爆料获取奖励的原因，
各个导购网站互相抄袭信息也是难免的。有网友总结了优惠信息的
出现和传播过程：是从一个网站开始，流到另一个网站，并不一定
会结束。建议没有精力的读者只需关注一个权威大网站，有精力的
读者可以同时关注几个网站，对推送信息捡漏足矣，没有必要花费
过多的精力与时间。

优惠信息的来源，简单来说有两点，一是海淘信息，最新、最
快的优惠信息通常来自于电商首页和活动页面与购物车商品的价格
变动、电商的促销邮件、电商内部消息，以及电脑浏览器插件设置
的降价提醒。国内的优惠信息要相对复杂，除了中国亚马逊大多以
直接降价或需要领取优惠代码的方式促销之外，大部分电商的低价
和好价往往是参加满额立减或叠加使用优惠券后才能出现。这样来
看，国内优惠信息的来源是各电商首页及活动页面、可领取的优惠
券、促销邮件和购物车内商品价格变动，有时内部的特殊渠道甚至
是 BUG 价格也是很重要的信息来源，BUG 价格是指商家标错价
格或优惠设置错误导致以极低的价格出售商品的事件。不过 BUG
价格的商品能否顺利付款并发货取决于商家是否愿意承担自身的损

失。有些网站的秒杀或抢购页面也可以关注，比如京东的秒杀、中国亚马逊的 Z 秒杀，还可以特别关注"镇店之宝"等。

如何判断优惠信息的质量非常重要，信息质量决定商品品质和价格优惠力度，这是由导购网站的推荐标准决定的，网站推送的优惠信息是否吸引眼球、优惠力度是否达到足够低的价格，最简单的判断方法是观察导购网站上的淘宝信息数量：淘宝信息越多，网站的推荐标准越低。需要注意的是，导购网站仅仅介绍、展示商品优惠信息，购买决定权在顾客手中，由于电商的活动行为随时结束，导购网站无法保证介绍的商品价格为市面上的最低价，更无法保证顾客看到优惠消息的那一刻该商品的特价仍然有效，所以顾客需要经常浏览，并通过各种推送手段，如手机端 APP 消息通知或电脑端浏览器信息推送插件等接收优惠信息。下面几张图是优惠失效的信息。

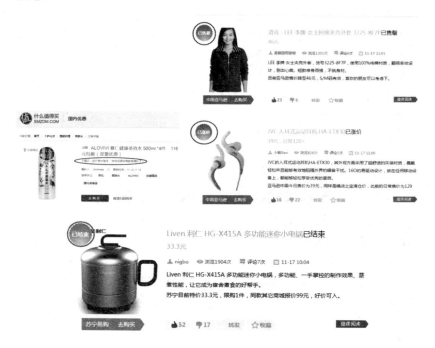

1. 什么值得买

北京值得买科技股份有限公司成立于 2011
年，致力于建立完善的内容体系满足消费者全
方位的需求，集导购、媒体、工具、社区属性
于一体，以高质量的消费类内容向用户介绍高性价比、好口碑的商
品及服务，为用户提供高效、精准、中立、专业的消费决策支持，
也是电商、品牌商获取高质量用户、扩大品牌影响力的重要渠道。
网站（www.smzdm.com）承诺推荐任何产品均不以营利为目的，
即不以是否营利作为编辑判断信息是否发布的标准，尽可能公开公
正，介绍商品也会尽量避免直接介绍个人卖家，具体做法是通过
"网友爆料→编辑审核发布→网友打分评论→网友晒单"的流程让
推荐做到中立客观、公平公正。

网站理念是让用户了解更多的购物知识与渠道（如海淘等），
花更少的钱、更短的时间买更好的商品，最终目的是让更多品牌被
消费者所熟知、让更多优秀的产品被用户使用、让各种层次的用户
享受更好的生活，帮助用户买到真正"值得买"的商品，了解更多
的产品信息，更好地判断产品品质，确认最值得买的商品，通过优
质产品改善用户的生活品质。

网站包含以下多个方面，可在页面上方自由选择。

（1）**好价频道** 每天发布上千条全球购物折扣信息，汇集全网
最新最全的品质商品特价推荐，包括精选、发现、优惠券、白菜专
区、闲值转让 5 个子频道。

①精选。甄选国内和海淘最值得关注的折扣信息，通过信息
流形式推荐，是好价频道的精华所在。此外还有排行榜、绝对
值、历史新低、日用品囤货等栏目功能，提供更多丰富维度
参考。

②发现。通过"小值机器人(机器算法)"和"人工审核"相结合的方式，以最快速度展示热心用户们的一手爆料，是全部好价信息的聚集地。发现频道日发布量多达 3 000 条，能充分满足消费者对优质商品和服务的需求。

③优惠券。汇聚全网最新最热优惠券，专为用户提供的领券平台。其中活动券为免费领取，私有券需要消耗积分兑换，部分优质优惠券需要金币兑换，所有兑换到的优惠券均可在个人中心的"兑换记录"中查看。

④白菜专区。20 元以内的优质白菜价商品聚集地。包含单件包邮和自营电商凑单品，每日更新 400 余条，包括数码、日百、食品、服饰等多品类。花点小钱满足购买欲和拆包的快感，低价就能买超值。

⑤闲值转让。旨在为买遍全球的用户提供一个更靠谱的互通有无的交易信息发布平台。用户们在这里发布、浏览二手交易信息，并在二手交易平台(如闲鱼、转转)达成交易，所提交信息都将经过站方审核。

(2) 好物频道　定位于品质生活和价值推荐的工具平台，以商品维度提供不同的消费参考信息，帮助用户进行消费决策。目前包括消费众测、新锐品牌、好物榜单 3 个子频道。

①消费众测。全品类试用平台，提供免费新品体验机会和客观的新品体验报告。用户可以免费试用新产品，运用众测报告帮其他用户参考，帮助产品改进。

②新锐品牌。集结最新涌现并不乏质感的品牌，追踪并扶持其成长，同时提供最新、最有趣的品牌动态和产品资讯。

③好物榜单。各路达人和专业小编在各品类的海量商品中，提炼出值得买的好产品，并定期推出场景化推荐专题，帮助用户更快地了解自己所需的产品。

(3) 好文频道　定位于消费生活领域的导购内容平台和用户分享社区，目前包括原创、资讯 2 个子频道。

①原创。按照数码、家居、日百、运动、生活等消费场景版

块，汇集用户创作的产品分享、选购心得、体验评测、购物教程、消费知识等不同类型文章，帮助用户学习相关消费知识、提升用户的消费乐趣。

②资讯。关注各行业新品发布信息、业内动态和海淘情报等，呈现时效性和价值性俱佳的精选新闻，让消费者第一时间知晓各类消费动态。

(4) 海淘专区　海淘专区是针对海淘用户、海外用户推出的消费频道，专注于在线海外电商购物、海淘及海外消费资讯，每日更新数百条全球线上、线下消费信息，包含淘遍世界、海淘优惠码、亚马逊专区等子频道。

①淘遍世界。针对海外消费各地域差别较大的情况，该频道按照地域区分购物信息的频道，并且可以按照国家及地区、商城、是否支持直邮等多种维度筛选商品推荐。

②海淘优惠码。集合主流海外电商最新最热优惠券、优惠码，为用户打造的海淘优惠券码频道。部分优质优惠券需要金币兑换，所有兑换到的优惠券均可在个人中心的"兑换记录"中查看。

③亚马逊专区。针对海外最大的电商平台亚马逊集团设立的消费信息频道，汇总美国、日本、中国、德国以及亚马逊海外购等多个亚马逊旗下站点的购物信息，并提供购物攻略、用户晒单等参考信息。

(5) 音视频频道　每天发布不同品类、不同视角、不同风格的视频内容，汇集了全网最新最全的商品推荐、生活窍门、知识分享，为用户带来更佳具体生动的视频内容，包括视频、直播2个子频道。

①视频频道。精选专业视频团队，每日发布原创内容，"剁手"更安心。海量的视频内容精选出科技、汽车、旅游、健身、家装、消费推荐等12个品类的优质短视频内容。以简短、专业、新奇的特点，丰富网友的体验观感，是站内视频达人和用户们自己的全新发声阵地。不论是首席生活家还是普通用户，都可以用视频的模式

发布原创内容和"剁手"爆料。

②直播间。直播带来全新的值得买打开方式，每一天都有丰富的直播主题等用户参与。在这里，除了收看自制直播节目《直播间的日常》《走进电商》《值击发布会》之外，网站CEO、首席生活家等各路大咖也会来做主播。网友可以通过发送直播弹幕向主播实时提问，更快速获取新品使用体验，更直观地获得购物消费决策，赢得金币和超值礼品。

（6）移动客户端　主要有iPhone客户端、iPad客户端、Android客户端和Windows Phone 8客户端。浏览器插件包括Chrome推送插件、火狐推送插件，另外，还有Win8桌面PC客户端，用户可通过Win8官方商店下载安装。

2. 慢慢买

慢慢买（www. manmanbuy. com）是一家集网购折扣推荐、全网搜索比价和历史价格查询为一

体的导购比价网站，总部位于宁波余姚市。作为倡导理性消费的导购平台，慢慢买成立以来专注为用户推荐高性价比的商品，同时开发了全网比价、历史价格查询等购物助手，力求帮助消费者花更少的钱买到更优质的商品。慢慢买的优势是原创神价商品推荐，核心是购物比价搜索引擎，帮助用户实现一站式比价选购，买到高性价比的商品。"慢一点，省一点"是慢慢买倡导理性消费的理念。目前，合作的网上商城皆为国内知名B2C网站，同时欢迎用户分享原创和心得、评价商品的优劣，期望更多的用户参与爆料赢取商城礼品卡，与网友分享商品的优惠信息、共享购物的乐趣。作为购物达人的大本营，慢慢买与购物达人相互探讨，共同为广大消费者提供了海量产品专业知识和特价促销信息，是一个"满足你的网购需求"的平台型和工具型网站。

慢慢买网站通过积分形式回馈用户，通过签到获取积分，也可以通过有效爆料和有效投稿获取积分，积分达到一定数量可在积分

兑换平台兑换优惠券、礼品卡和实物礼品等。

慢慢买的主要内容有全网比价、省钱控、国内折扣、白菜价、历史价格查询。

（1）全网比价和历史价格查询 将在第六章详述。

（2）省钱控 这里是慢慢买导购内容的重头戏，是经过小编严格筛选后呈现出来的全网精华折扣。原创是最大的特色，经常会有0元单、超低 Bug 价和惊喜价的大额优惠券。此栏目还有其他几个特色子栏目：

①涨知识。精选其他新闻、科技及评测网站的科普好文，了解最新科技动态、热门新闻和选购指南，如《日本在南海边花3年造的珊瑚岛离奇消失，竟说被中国海星吃了》《想买水货手机又怕被坑？请收下这份水货购机指南》《超越前代不止于屏——OPPO R11s 拆解首发》和《百元千元电饭煲究竟差在哪？测试了16款电饭煲，我们找到了答案》这几篇文章，甚至还有豆瓣网排名前几十的电影清单等。

②国内折扣。来自网购达人和网站小编的爆料，国内优惠促销信息每天不断更新，包括特价商品和优惠促销活动，内容更新快、信息量巨大。

③小时排行榜。每小时对国内折扣热度排行榜进行更新，以每小时为单位向前翻看之前的数据，选购自己所需的商品。

④白菜价。筛选整理的淘宝网高品质限时特卖商品和低价包邮白菜价商品，便宜照样有好货，再便宜的商品一件也包邮。

⑤商城导航。汇集了常见电商和品牌商城的链接，记不住网站链接名称没有关系，也不用担心在搜索引擎上搜索电商被山寨网站欺骗，直接从商城导航进入商城。如果页面里没有自己想要的商城，可以向页面下方的邮箱发邮件请求添加。

⑥降价捡漏。对各大电商平台的商品实时降价监控，监控平台有常见的大电商平台，如京东、苏宁、亚马逊、当当、国美、淘宝天猫等，还有乐蜂、聚美优品等平台。用户可以自行选择想要监控的电商，分别按价格、类别、时间、折扣及是否自营分类监控。

⑦优惠券。与慢慢买合作的电商会在这个栏目放优惠券，有些是免费的，如京东免费领取优惠券和淘宝白菜价的优惠券；另外一部分需要消耗慢慢买的积分领取的，如国美在线的红券和新蛋网优惠券。

⑧一元凑单品。目前，聚合了京东一元及以上商品及其他热销低价商品，可以选择商城、配送地区、输入凑单金额，帮助用户愉快购物的同时能省去运费。目前支持的电商有京东、天猫超市、一号店。

本网站有手机移动客户端 APP 可供下载使用，也有电脑端浏览器信息推送插件。

3. 惠惠网

惠惠网（www.huihui.cn）是网易旗下的超值网购优惠平台，国内专业的网络购物导购网站，以第三方身份提供客观公正的网购向导服务，为 B2C 商城、C2C 大卖家等合作伙伴提供效果营销、精准的广告营销、口碑营销和品牌营销在内的全方位网络营销与广告解决方案服务。目前与国内近百家知名 B2C 商城建立合作，每月为合作商家带去千万级销售额。同时，惠惠网旗下购物搜索免费收录商家的商品数据，将商品信息公平精准地推送到用户面前，获取超值、时尚、有品质的优惠信息，拒绝虚假广告和软文。目的是共同积累购物和生活的智慧，通过分享和共建，让惠惠网成为消费者的网购信息宝库。惠惠网首页上方主要有 8 个频道：原创、返现、购物助手、收藏夹、搜索、购物车、登录和爆料投稿。

（1）**原创** 包含原创精选、优质晒物、锦囊百科和购物清单。原创精选包括影视同期声、小编私藏店铺、惠姐 hui 淘、大牌日记、一周头条、曝光台和值不值得买这些子栏目，用户可以自由选择子栏目的标签查看。优质晒物是用户将淘到的好货炫耀的自留地，有高大上的专业评测，也有简单的晒物。锦囊百科包括日用百货、食品生鲜、服饰鞋包、美妆、个护、运动、健康、数码家电、母婴玩具、文化娱乐、海外购等子栏目，用户可以自由选择子栏目的标签查看。购物清单是关于优惠商品及优惠活动的推荐列表，用一个个专题包装起来，是很应景的栏目。

（2）**返现** 将在第三章详述。

（3）**购物助手** 将在第四章详述。

（4）**收藏夹** 有折扣活动、晒物广场、助手好物，前两者收藏的是惠惠网自身的信息，最后一个在账号登录后可以收藏各大电商的商品。

（5）**搜索** 功能可对惠惠网自身的内容及电商的商品进行搜索。

（6）**购物车** 功能仅针对海淘商品，加入商品后会显示价格、本国运费、国际运费及服务费等。

（7）**登录** 功能指登录惠惠网享受返利等服务。

（8）**爆料投稿** 功能中还带有晒物入口，有精力的用户可以爆料、晒物拿奖励。

导购的优惠信息正文在主页面靠下的位置，把页面稍微向下拉即可看到。页面右边有淘宝网"白菜价""神券快查"和"聚划算半价"，京东的"优惠券"，美亚低价榜是美国亚马逊的低价商品清单，日亚热销榜是日本亚马逊的热销商品清单。

本网站有手机移动客户端 APP 可供下载使用，也有电脑端浏览器信息推送插件。

4. 折 800

折 800（www.zhe800.com）是一家追求性价比的网购与特卖网站，除了导购信息，还有网站方组织销售的特卖商品。自 2011 年成立以来，以精明消费为创业初心，依靠专业买手团队砍价和严格的供应链把控，为广大用户提供消费与购物愉悦，致力于成为值得消费者每天来逛的网购特卖平台，目前已得到 1 亿多用户的认可与选择。

网站特点：商品售价由网站职业砍价师与合作商谈判确认，进行历史售价和其他平台同类商品价格监控，保障商品的超值性价比。与商品原产地、生产厂家品牌商合作，直接与商品源头通过行家精选与砍价，尽最大努力追求商品性价比，呈现给用户的是商品底价，真正做到质优价廉。全场商品一件包邮，为用户免去运费烦恼，享受完美购物体验（包邮范围不含港、澳、台及新疆、西藏等偏远地区）。拥有自己的会员体系，享受积分抵现优惠，在折 800 网站及手机端 APP 签到、购物、晒单、下载应用等操作均可获得通用积分，购买商品直接抵现。网站对商家资质、品牌授权、诚信记录等多方面严格审核，确保优质供应商入选。对部分商家邮寄的样品进行检验，对上线的重点活动或重点品牌商品也会不定期随机抽查，逐一核实属性信息，如尺寸与材质等。检验完毕还要对关键属性进行品质鉴定，标记留样，监控商品回评等。商品支持 8 天无理由退换货、先行赔付及运费补贴等。

首页上方有 7 个栏目。

特卖商城是折800网站入驻商家的特卖商品，商品图片下方会有标志。 **折 本商品由折800买手砍价**

品牌团以品牌为单位点击浏览，是以特卖商城中的大品牌商品为主的子栏目。

优品汇也是特卖商城的子栏目，商品品牌与品牌团里的相比要小一些，但是种类更多，价格也更实惠一些。

淘宝精选是编辑精选出来的淘宝天猫优惠商品。

9块9包邮是未经精选的销量大或新上架的淘宝商品。

精选预告还在试运营阶段，有可能打开后不能显示。

积分商城可以消费账户获取的积分，用来兑换商品、抽奖、竞拍和捐赠。

本网站有手机移动客户端APP可供下载使用。

5. 识货

识货（www.shihuo.cn）成立于2012年，是专做折扣商品导购及运动潮流购物的网站，致力于为广大用户提供专业的网购决策指导，为追求性价比的用户提供及时劲爆的运动、潮流、生活、时尚等网购优惠资讯，产品覆盖国内外主流购物商城。成立初期主要提供折扣、正品运动鞋商品导购，对于市场上热门的运动鞋都会进行评测，把真实的运动鞋体验传递给爱好者，后来增加生活电器、服装、食品、家居等全品类优惠导购信息，也开始推荐海淘信息，并且为没有条件海淘的用户提供免费代购服务。以下是主要频道：

（1）优惠 网罗全网优惠折扣商品的信息。

（2）团购 为用户提供最具性价比的商品，与正品卖家合作，精选热门款式的篮球鞋、休闲鞋、运动裤等装备，以低于全网均价团购。为运动装备爱好者在确保正品基础上提供更实惠、更多商家的购买选择。

（3）海淘 国外优惠信息汇集地，专注解决用户在海淘方面遇到的问题，定时发布教程及体验。精选优秀的价廉物美的商品，帮助用户进行代购，满足绝大部分用户的需要，暂不收取任何附加费用。

（4）识物 各种产品的精选、百科、攻略、测评与推介。好货由用户自行发布，形式更自由，信息量更多，速度更快捷。

（5）晒物 晒物广场。

（6）推荐店铺 由专业人士对店铺严格把关审核，确保出售商品均为正品，免去用户还需辨析真假的后顾之忧。

（7）兑换中心 积分兑换优惠券和商品。

各频道下方的"分类导航"汇集了鞋服、球鞋集中地，网罗各种品类、各种功能的运动鞋，并定期有专业人士发布推荐、评测等文章。这里有最全面，最专业的正品运动鞋推荐，让用户轻轻松松就能寻找到最适合自己的那一双。

（8）鉴定装备正品 此功能致力于为广大用户提供"购买便捷、安全省心"的商品鉴定渠道。针对市面上运动商品真假难辨、不良商家恶意售卖假货、使消费者利益受损的情况，由第三方专业鉴定组织负责鉴定，权威鉴定师认证结果安全可靠，通过装备鉴定渠道快速验证商品真伪，切实保障消费者合法权益。

本网站有网页移动端（m.shihuo.cn）和手机移动客户端 APP 可供下载使用。

6. 神马好东西（神马快爆）

2014 年，阿里巴巴公司为了服务当年的淘宝网"双十一"活动，其旗下移动搜索引擎品牌"神马搜索"发布了其首款导购产品"神马快爆"，现已更名为"神马好东西"。这是一款手机端的社区型

导购网站（kuaibao.sm.cn），建议在移动终端上使用，比在电脑端更方便操作。刚推出的时候只是推送淘宝天猫的商品内容，后来也加入了其他电商的商品优惠信息，后来也曾一度整合到"一淘"APP，由于未知原因又被撤下。

进入神马快爆页面后，可以点击查看信息详情或直接点击前往购买，这时神马搜索就会将页面直接转到淘宝、京东、苏宁、国美等电商的页面，用户使用手机直接下单购买。为了使用户能够更快地搜寻到自己想购买的商品，神马快爆也在页面最上方为大家准备了最新优惠活动的海报、全部优惠、9.9包邮、排行榜和签到，下方是今日白菜、精选活动和券后好价等多个分类频道。再往下是优惠信息的分类，从精选、海淘到各种类别。与其他导购网站相比，神马快爆的内容不算少，但是信息聚合及分类方式相对分散凌乱。

7. 聚超值

聚超值（best.pconline.com.cn）是太平洋网络旗下专业电商导购平台，成立于 2013 年，致力于电商导购，为广大读者用户提供第一时间的特价情报，寻找全网最具竞争力的价格，甄选各类最给力的折扣优惠、超值商品网购推荐以及海量海淘特价商品情报，推荐最超值的产品，透过聚超值的深度爆料和挖掘，显著提升用户对电商的转化率，实现更大的商业价值。以当天生动、准确、新鲜、丰富的网购产品特价资讯，为用户提供最清晰的网络购物指引。以下是网络频道：

（1）海淘 为海淘商品的内容，右侧还有汇率换算、在线翻

译、美亚优惠码、鞋子对照尺码、衣服尺寸对照、单位重量换算等海淘小助手工具。

（2）发现　最新降价的优惠商品信息，每天更新几百条以上。

（3）原创　各品类、各方面的非专业测评与推荐。

（4）众测　跳转到了太平洋网站的众测网站。

（5）百科　全名应该是聚超值商品百科，分为品牌库和商品库。

（6）母婴　全名应该是聚超值母婴生活馆，分为经验、晒物、优惠和海淘4个子频道，将网站里母婴相关的内容单独整合。右侧还有太平洋亲子网的专家在线栏目。

（7）旅游　包含旅游情报与攻略分享。

首页右上方有隐藏优惠券和淘宝白菜价。

本网站有手机移动客户端APP可供下载使用。

8. 惠喵

惠喵（www.huim.com）获得美柚
CEO的天使投资，于2015年上线。惠喵
的优势在于优惠资讯的更新数量和时效

性，为用户提供各种具有性价比的优质商品推荐指南，目前用户数量达50万。2016年"双十一"当天为天猫淘宝贡献销售额达1 000万元，全年销售额达5 000万元。

惠喵的口号是"惠精选，喵低价"，本网站有手机移动客户端APP可供下载使用。APP从优惠定制跟踪与优惠分析社区切入，旨在打造最具人气的品质消费社区，为热衷"剁手"的用户提供完善的购物攻略和品质生活。以下是网站频道：

（1）优惠快报　各电商平台的优惠信息。

（2）搜券通　复制想购买的淘宝、天猫商品标题，在频道内进行搜索，一般都会有相应优惠券，领券后购买享受优惠。

（3）9 块 9　淘宝、天猫低价包邮商品汇总。

（4）神价监控　需要注册账号登录后分享给好友，只要有一位好友点击查看即可获得终身神价监控权限。

（5）喵友福利　惠喵的会员体系，通过每日签到、爆料、评论及经验分享，用积分抽奖、兑换优惠券和换取礼品。

本网站有手机移动客户端 APP 可供下载使用。

9. 购物党

购物党（www.gwdang.com）是由前纽交所上市公司的资深技术管理人员创办，汇聚全网优惠活动和商品，为消费者购物提供

参考决策服务，口号是薅干电商羊毛。每日独立购物 IP 超百万，"双十一"高峰期超 300 万，与国内大中型电商、搜索引擎公司、智能硬件厂商保持着良好的合作关系。以下是网站频道：

（1）促销活动　各电商的促销活动汇总，可以在左边筛选活动类型、商品分类和商城。

（2）优惠券　各电商官方提供的优惠券。

（3）值得买　各电商好价折扣信息。

（4）折上折　都是京东第三方店铺特价商品汇总，内容满足"先满减、再用券，立享折上折"的要求。

（5）领券薅羊毛　与首页上方的 9.9 包邮都是淘宝天猫低价包邮商品汇总。

首页上方的历史价格查询与下载比价工具将在"比价"一节介绍。正品商城是全网各电商的商城导航，可以直接在各商城名称上查看可领优惠券数量与可用活动数量。海淘导航包括海淘教程、海

淘商城、转运公司导航与转运订单查询。

本网站有手机移动客户端 APP 可供下载使用。

10. 值值值

网购让生活方便，值值值（http：//
zhizhizhi. com/）方便了网购，每天推荐
让用户大喊三声"值！值！值！"的商品，包括当天最值得买的
超值单品精选推荐、各大网站最超值的促销活动、能轻松省下一
大笔钱的优惠券。实时监控和同步全网值得买类资讯，结合网友
爆料，去掉重复和低质量数据后，每日同步推荐 1 000 条以上的
高性价比商品和打折促销活动，让用户第一时间一站式获取全网
优惠券和特价信息。以下是网站频道：

（1）国内优惠频道汇集了国内电商优惠信息，包含跨境购物。

（2）淘特卖是淘宝天猫的商品优惠信息。

（3）海淘　国外电商优惠内容。

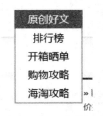

（4）原创好文　排行榜对某一类商品的聚类排行，供用户参
考，不一定非要笃信；开箱晒单是用户的测评；购物攻略推荐值得
购买的商品；海淘攻略是海淘知识普及及商品推荐。

（5）优惠券　各电商的优惠券领取链接汇总。

（6）商城导航　汇总了常见的国内外电商，点击直达。

页面右下方的"购物值讯"提供品牌及鞋服尺码的知识。

关于值值值！| RSS订阅 | 联系我们
网购话题 | 品牌大全 | 店铺大全 |
购物值讯 | 友情链接。

"店铺大全"是值值值人工精心筛选的淘宝、天猫的高信誉、好评多、评分高的淘宝天猫店铺（旗舰店）。可点击相关链接查看店铺的打折信息和官方店地址。

关于值值值！| RSS订阅 | 联系我们
网购话题 | 品牌大全 | 店铺大全 |
购物值讯 | 友情链接

本网站有电脑端浏览器信息推送插件可供使用。

11. 没得比

没得比（www.meidebi.com）理性消费社区是中立的高性价比导购平台，消费理念是：不打折，不消费；打折就疯狂消费！每日精选大量超高性价比正品商品，聚合数百个大型购物网站最新的商品折扣优惠信息。善于发现绝对高性价比的商品，分享自己的购物感受让他人参考，共享国内数百个大型购物网站的各种折扣、优惠信息，分享大家的购物感受和经验，花钱等于省钱。以下是网站频道：

（1）精华爆料　包含国内、海淘和猫实惠 3 个频道，全由网友爆料并经小编精挑细选的高性价比商品信息聚合在这里。①国内频道。聚合了除天猫商城外的其他国内电商平台的优惠商品、折扣信息以及促销活动等，如京东、苏宁、亚马逊等。②海淘频道。聚合了国外电商平台的众多高性价比商品，官网正品折扣享不停。③猫实惠频道。聚合了天猫商城的商品优惠、折扣信息，每天更有大量白菜价商品。

（2）券搜搜　网友爆料天猫商城用券后的优惠商品，想买某件商品先来这里搜索优惠券，领取优惠券下单更优惠。

（3）晒物　包含了众多由用户原创分享的内容，商品好坏，一观便知。

（4）更多内容　9.9 包邮白菜价、礼品兑换、海淘直邮、淘宝大额优惠券，主页右上角还有为用户准备的贴心海淘教程和商城导航。

本网站有手机移动客户端 APP 可供下载使用，也有电脑端浏览器信息推送插件。

12. 逛丢

逛丢（https://guangdiu.com）是全网首个将 10 余家国内顶级折扣资讯网站进行智能聚合去重的引擎，每天更新数据 1 500～3 000 条，与数据来源网站保持每分钟 1 次的同步，收集京东、美亚、日亚等国内外大电商平台的靠谱折扣，一站式获得全网折扣信息。每半小时发布风云榜，每 5 分钟刷新半小时榜单。

作为导购信息聚合网站，内容分类简单，只有国内折扣、海淘折扣，小时风云榜可以向前翻看之前的榜单内容，"九块九"是淘宝白菜价商品。

本网站有手机移动客户端 APP 可供下载使用，也有电脑端浏览器信息推送插件。

13. 一淘

一淘（www.etao.com）是阿里巴巴旗下的导购与返利网站，导购内容全部为淘宝天猫的商品返利购物，它不是纯粹的 B2C 电商折扣平台，没有其他电商的内容。手机 APP 端的内容相对丰富，除了固定的品牌特卖，还有其他一些内容，比如"专享券"，是存在于品牌特卖频道中的，参

与这个活动的商品购买可以享受大额专用优惠券。

首页的"大额优惠券"和"小栈"值得一看，"大额优惠券"的内容与其他导购网站的"白菜价"或"九块九包邮"频道内容类似，其实其他导购网站的淘宝天猫内容也是来自于这里，只是各自筛选的标准不同。

"小栈"中的"天天特价"可以一看，下分5个栏目：特价精

选、10元包邮、省钱神券、特惠囤和优惠报料。"每日好店"也值得一逛。

本网站有手机移动客户端APP可供下载使用。"一淘"手机端APP曾经整合了"神马快爆"的入口，后来入口取消。整个页面内容更加简洁明了。

14. 55海淘

55海淘（www.55haitao.com）是一家致力于为国内消费者提供海外购物全方位咨询服务的网站，有完整的海淘教程，让海淘新手顺利上路成功下单。其有最新的折扣信息，第一时间把握海淘网站的优惠活动，让用户花更少的钱来圆海外购物梦，也不再担心会淘到假货、次货，还能与来自全国各个地区的"海米"们分享最新的海淘信息，甚至可以拼单一起海淘等。55海淘帮助消费者在国外购物网站淘到放心的品牌商品，享受海外购物带来的无限乐趣。网站口号是：让鼠标漂洋过海，圆您海外购物梦！

由于网站主攻海淘，所以内容仅针对国外网站的商品，各频道的名称一目了然，优惠折扣、低价和转运为常用频道。页面最上方的世界城市时刻表帮助用户在国外购物网站的特价时间内购物，避免换算时区的麻烦。

55海淘网所隶属的五五海淘（上海）科技股份有限公司，已于2018年2月全面收购了美国最大返利网站Ebates的中国业务，目前Ebates.cn网站的运营及服务一切正常。55海淘将会以更多独家折扣、更高返利比例及更好客户服务的姿态服务消费者。

时间：纽约 3月1日00:09 ▲

洛杉矶 2月28日21:09

纽约 3月1日00:09

伦敦 3月1日05:09

柏林 3月1日06:09

巴黎 3月1日06:09

米兰 3月1日06:09

东京 3月1日14:09

首尔 3月1日13:09

悉尼 3月1日15:09

奥克兰 3月1日17:09

▶▶▶▶▶ 第五章
购物还返钱的返利网站

随着互联网的迅速发展，传统的商业模式纷纷在互联网上重获新生，返利网站就是一种全新的形式。用户从返利网站进入电商网站购物后，根据电脑浏览器的 cookies 跟踪用户的订单，返利网站根据用户网购的成交量与电商网站结算佣金，并把佣金按照相应比例返还给用户的营销模式。返利是经营者为实现促销、赢利而使用的一种推广营销手段，返利网站则是这种营销手段在网络层面上的运用，是以抽佣返利为主要推广模式的第三方导购平台，其盈利来自电商的合作提成和广告。一方面，返利网为合作商家提供 CPS（Cost Per Sales 效果营销）广告服务，实现顾客流量价值最大化；另一方面，通过平台整合为消费者提供专业导购服务，最终实现网购资源最优化配置的双赢局面。国内外行业专家认为独立于商家的第三方返利网站的优势在于提高网络营销透明度，帮助商家提高客户忠诚度，更加适应消费者对品牌不断变化的需求偏好。同时，其经营模式的亮点在于给予顾客直接指引，培养了潜在的低价热衷者，更能发挥口碑营销的作用。电商平台有效提升流量转化率是电商发展最需要的资源，返利网站还大大提高了电商推广的有效性，降低了推广成本和风险。同时，能保证自身的发展、以低价优势刺激销售、提升用户购买积极性，实现三方共赢。

返利网站也是由国外传至国内，欧美的返利模式发展成熟，美国作为返利网站的发源地，其返利网站的运营模式与监管最为完善。电商返利模式起源于美国的 FatWallet.com 网站（网站现已全面关闭并推出其姐妹网站 Ebates），2000 年开始将销售提成的一部分返给会员，逐步形成网络购物返利模式。Ebates、Mr. rebates 和 Extrabux 作为美国返利网站的代表，形成了"三巨头"平分市场的稳定格局。而 Ebates 作为全球最大的专业返利网站，从 1998 年运营至今，网站全球排名 2 443。除了美国的返利网站之外，英国的相关返利网站也在世界返利网站中占有极为重要的地位。Topcashback 是英国目前规模最大的返利网站，也是世界上首家将从链接商家获得返还利润的百分之百返还给消费者的网站。Pouringpounds 是一家免除任何手续费用，合作品牌超过 2 500 多家的返利网站。Qudico 成立于 2005 年，被评为 2012 年度英国最佳返现网站，它的最大特色在于"店内现金返还"：消费者只需要在 Qudico 注册信用卡或借记卡，即可在与 Qudico 合作的线下商家购物时获得返利。法国的 iGraal.com 创立于 2006 年，2007—2011 年，销售额增长了 3 300%，合作商家超过 2 500 家，搜索产品自动按价格排序，增加了网购商品价格的透明度。日本的お财布.com（意为钱包）成立于 2004 年，注册会员约 220 万，即每 60 个日本人就有 1 个注册了会员。

我国返利网的兴起与淘宝网等大型电商密切相关。据有关数据显示，淘宝卖家数量约 80 万，而淘宝为商家提供的窗口或广告位等展示平台极其有限，有限的资源制约了淘宝的发展，为了实现"一百万个年营业额百万的网店"的战略目标，拓宽流量，给用户提供更多的商家选择，返利网站因此创立并迅速发展。2003 年，返利类网站开始在我国出现，现在的返利行业领军者——"返利网"于 2006 年成立，当时我国电子商务尚处于发展初期，仅有少量返利类网站上线，约在 2009 年电子商务市场环境趋于成熟，大大小小的返利网站涌现并飞速发展。通过返利类网站实现的电子商务平台交易额庞大，仅返利网一家就超过 200 亿元。阿里巴巴和网易等互联网巨头的加入，使返利网站更受关注。

一般来说，购物返利需要在返利网站注册账户并登录后进行操作，否则返利网站不知道将返利打到哪个账户，这种错误俗称"掉单"；就算是正常操作"跟单"后，也不是所有网购商品都有返利，常见的如火车票、机票、话费充值、游戏点卡充值等虚拟商品基本没有返利。

1. 返利网

返利网（www.fanli.com）成立于 2006 年，专注于打造"购物媒介"平台，致力于消费者网购过程中的网购信息疏导工作，并为客户提供安全、快捷、实惠的网购新体验。同时，返利网通过为合作电商提供效果营销、社会化营销、口碑营销、SNS 营销等整合推广方式，确保实现客户流量价值最大化和网购资源配置最优化的双赢局面。用户超 1 亿，合作伙伴几乎涵盖了所有知名电商，包括天猫、淘宝、京东、苏宁易购、苹果中国官方商城、一号店、亚马逊等 400 多家电商网站，以及 12 000 多个知名品牌店铺。返利网整合了商家资源，为消费者提供涵盖线上、线下消费的全方位返利服务，包括网上购物、线下刷卡、金融保险、旅行团购等。返利网于 2011 年获启明创投和迪斯尼旗下思伟投资的千万美元 A 轮融资，2014 年获海纳亚洲创投基金（SIG）2 000 美元 B 轮融资，2015 年获电商巨头日本乐天（Rakuten）近 1 亿美元 C 轮融资。

返利网的特色在于，除了针对淘宝天猫、其他商城和旅游票务网站进行购物返利，还对海淘网站有返利，而且更推出针对理财产品有返利。不过理财返利是与其他平台合作的，有非常多的规则限制，而且理财并非存款，决定购买之前要仔细阅读合同条款，下单需谨慎。其返利过程都需要注册成为该网站用户，或者使用其他网站账号联合登录，登录后通过该网站的返利链接进入商城购物，即可在后台查询返利订单。

超级返利频道分两种情况，一种是领取大额优惠券后下单，凡是标有优惠券就相当于返利，没有其他返利入账；另一种标明了返利金额的，直接点击进入下单付款获得返利。对于淘宝返利频道，情况与超级返利频道类似，不过需要消费者在搜索框内输入关键词，在搜索结果中标明优惠券的商品无返利，没有标明优惠券的有返利，页面没有任何关于返利金额的信息，具体返利金额只能在返利入账的时候才能知晓，"聚划算"商品不参加返利。"商城返利"频道的操作方法：以京东为例，打开"商城返利"频道，找到京东商城，点击"返利模式购买"，找到某件商品，下单时选择数量，正常付款。一般几分钟后会收到手机短信，显示订单已跟踪到，在电脑端查询到订单，点击订单详情显示返利金额 3.33 元，收货后耐心等待，之后会显示返利可用。

返利网注意事项：切勿将商品先在 PC 端或 APP 端加入购物车后再到返利网下单，这样会使返利网无法跟踪到订单。商城返现为现金可以直接提现，淘宝、天猫、亚马逊返的是 F 币，只能兑换。下单时需要及时付款，如果不能马上付款也不能等待太长时间，一般建议在 15 分钟内付款，未付款时间过长可能会影响返利。如需返利成功，不能使用某些浏览器，这些浏览器为了信息安全会使返利网无法跟踪订单，只能申请返利赔付，申请赔付必须要等订单处于完成状态，否则会驳回申请，而且同一产品每人限购 5 件，超出 5 件将整单无返利（同一账户、同一手机号码、同一付款收款账号、同一收货人等均视为同一人购买）。返利提现需要实名认证，提供相应的身份证等材料。

2. 一淘

一淘（www.etao.com）创立于 2010 年，隶属于阿里巴巴集团旗下，商品全部来源于淘宝和天猫，是淘宝、天猫的官方返利促销平台，国内规模、用户活跃度遥遥领先，是网购达人公认的省钱神器。一淘致力于满足消费者对品牌产品和对优质商品的性价比需求，努力打造成为越来越多的消费者喜欢并值得信赖的返利导购平台，通过超级返利、专享超值优惠券、大额红包等丰富的促销手段，为消费者提供高性价比的品牌好货。一淘返利仅限淘宝网和天猫商城的商品，用户在一淘购物，商家会给一淘支付推广费，一淘将该费用给用户返还一部分，这一点与其他第三方返利平台有所不同。消费者无需单独注册一淘账号，只要有淘宝账号即可直接登录；即使没有淘宝账号，在一淘网注册账号后可在也仅能在淘宝、天猫、聚划算、飞猪、菜鸟等阿里巴巴旗下各网站及手机端 APP 使用。用户在一淘购物所得的返利均以集分宝形式返回到用户账户。

（1）**"集分宝"是什么？** 集分宝是一淘的积分，可以当钱消费，100 个集分宝抵扣 1 元钱。集分宝可在一淘、淘宝、天猫购物，还支持缴水费、电费、煤气费等。值得注意的是：账户内集分宝多于 10 个才可以抵扣使用，而且需要在支付宝客户端 APP 设置：我的—设置—支付设置—扣款顺序，选择"优先使用集分宝"，设置好后，使用支付宝付款时会自动优先使用集分宝。集分宝有效期为 3 年。

（2）**如何获得集分宝？** 在一淘下单购物，成交后返利金额将以集分宝形式发放至用户的支付宝账户，返利到账时间和返利金额大小与会员特权有关，能否享受会员特权及可以享受的会员级别请见一淘手机端 APP：我的-我的特权页面。每个订单返利到账时间都会在一淘"我的一淘订单"页面显示，下单后直接查看"我的一淘订单"页面即可查询返利到账时间。使用一淘 APP 手机端参加每日签到，或者参加淘宝网相关活动，均可获得集分宝。

（3）**返利操作流程** 只有通过一淘下单，或者在一淘把商品加入购物车后通过一淘、淘宝、天猫付款的订单属于返利订单，才能享受返利，脱离了一淘的环境则不享受返利。

①超级返利频道。进入一淘电脑端首页或一淘 APP，进入"品牌特卖"，浏览商品。比如看到这条促销信息"绿乡灵出游季"，点击第一件商品"代餐粉"，点击后自动跳转进入天猫商城界面（如是淘宝店铺则进入淘宝店铺界面），正常下单并付款；之后在"我的订单"可以查询订单返利情况，灰色的金额数字表示返利暂未到账，付款后稍作等待或者刷新再次查询即可看到返利金额变为红色，即可获得 3 159 个集分宝，下次购物可以抵扣 31.59 元货款。

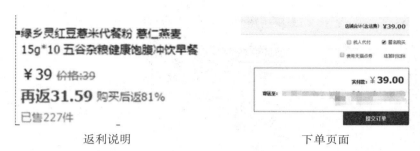

返利说明　　　　　　　　　　　　　下单页面

返利到账情况在"我的订单"查看，而返利数额每天波动频繁，所以返利订单信息如下图所示。

②不在超级返利频道下单，返利情况有两种：一是自行搜索商品，下单获得返利。在一淘的首页顶端的搜索框输入关键字，这里以"安卓充电线"为例点击右边红底白色的放大镜图标进行搜索，显示搜索到15.1万件商品，其中有不是"超级返"的普通返利商品，直接下单付款即可获得返利。

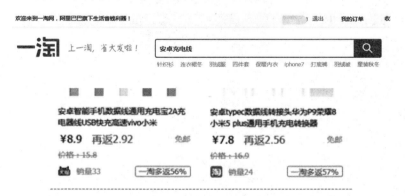

另外一种是在淘宝或天猫商城将商品加入收藏夹后，从一淘查看收藏夹，点击商品下单可以获得返利，还会显示商品当前可领取的优惠券，见下图。

如果商品从淘宝或天猫加入购物车，需要在一淘 APP 的购物车查看，并且需要点击商品进入详情页面再返回，一淘的购物车才能显示返利金额。如下图所示，返利金额是灰色的，而且需要"点击宝贝获得返利金额"。

点击商品进入详情页面再返回，返利金额会变为红色，这时就可以下单付款并获得返利了；没有点击的商品其返利金额仍然是灰色，如果直接下单付款则是没有返利的，见下图。

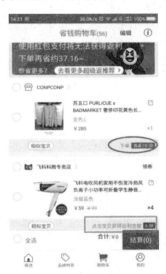

③具体返利政策。使用集分宝支付的部分依然有返利；使用店铺优惠券、店铺红包的订单，按实际支付金额返利；预售商品确认收货后，会显示全额的返利金额。

无法返利的情况：聚划算订单无返利；天猫国际和航旅部分商品无返利，以页面显示为准；部分类型的红包（如支付宝红包）和天猫购物券等使用后可能导致系统取消返利，如下图。

小额订单的返利会即时到账，大额订单的返利将会在确认收货后的 15 天后到账，如下图。

如果订单退货、退款，返利会被系统扣除，如下图。

红豆男款轻薄短羽绒服 修身时尚立领休闲短款羽绒服外套5509	293.0	13185个	①无法到账
订单号： 下单时间：			订单关闭，无法获得集分宝

如果商品显示返利为 0，那么下单付款后也不会有返利，如下图。

【故宫文创】我们都爱不释手的新春静电贴	0.14	0个	①无法到账
订单号：11 137 下单时间：20 12 33 7			已确认收货，此订单无集分宝赠送

④注意事项。如果是刚下订单，由于系统延迟的原因，请等待几分钟后再刷新查看，"双十一""双十二"等活动大促期间部分返利订单会延迟显示，以次日显示为准。

温馨提醒：消费者在店铺领取了大额优惠券后，有购买意向的商品正巧参加超级大额返利活动，下单后商品价格会达到超乎寻常的低价，如下图，这件品牌衬衣售价 129 元，领取店铺 90 元优惠券后实付 39 元，结合超级返利活动返利约 11 元，最终折算下来实际支付的商品价格为 28 元。

Busen/步森春秋男士衬衣中年商务男装爸爸婚庆新郎免烫长袖衬	39.0	1107个	✓已到账
订单号： 下单时间：			已确认收货。2017年08月10日到账

需要注意的是，商家有时很有可能会避开上述情况减少自己的损失，订单付款后商家会主动联系消费者以各种理由——如商品无库存、商品链接错误或商品出库系统不能扫描等要求顾客退款重新购买另一链接的同款商品。

需要特别解释一下礼金券。入口位置请打开一淘 APP，点击右下方我的一我的礼金券。礼金券是指购买特定商品后，可额外获得部分集分宝的卡券。邀请好友、新注册用户及参与淘宝天猫的活动，均有机会获得礼金券，最常见的是在一淘 APP 签到 7 天后抽奖获得礼金券。在一淘购买返利商品或一淘专享券商品，付款后系统将自动使用账户中面额最大的一张礼金券，前提是所购商品满足礼金券的使用要求，不同礼金券的使用门槛不同。礼金券使用后并不是针对商品金额下单立减，而是跟随着返利订单或专享券订单一起多返利对应的金额到用户的集分宝账户，如果使用后集分宝余额状态没有变化，请次日再查询，如下图。

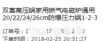

一淘网手机端 APP 查看自己拥有的礼金券，如下图。

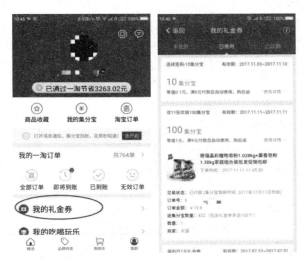

如果礼金券使用成功，电脑端的系统消息会提醒用户礼金券使用成功，如下图。

11-11 11:45

您在一淘下单时，自动使用了一张面值100集分宝的礼金券，集分宝随返利或确认收货时到账！

3. 京东饭粒

现在的消费者对于线上消费希望既保证消费品质，也要经济实惠，"高性价比"和"精打细算"是如今电商消费都在保持

京东饭粒吉祥物 funny

的优良传统。因此，坐等某类品牌打折，或坚持到节假日、超级品牌日再清空积攒已久的购物车，也基本成为消费者的生活常态。京东饭粒商城不限量、不限时的返利优惠，让消费者掌握最新优惠商品信息，在买不停的同时更享返不停、轻消费、重实惠，"饭粒"虽小却"黏性十足"。京东饭粒每件商品的返利金额显示得简单直接，搜索某一类商品时，同类商品返利力度一目了然，让用户不放过任何优惠。这对于既追求生活品质、又不愿月末"吃土"的现代消费者而言绝对是一个超值福利——"购省、购好、购返利"。

京东饭粒是京东旗下最新的官方购物返利平台，作为一款以"省"为主题的购物平台，让用户在分享、注册、购买等环节上更加省时、省力、省心。本平台于 2017 年 11 月 20 日正式推出，目前只有微信版。所有上架商品完全由京东官方供货渠道供给，入驻品牌是京东商城择优筛选的优质商家，保证商品来源真实、品质可靠，为消费者提供双重保障。返利商品品类齐全，做到了全类目覆盖；新品、爆款参与返利，让消费者随时享受到最强的优惠力度；绝大部分商品单件包邮，消费成功后得到一定比例返还的京豆，下次购物时即可抵付现金，这一点与 GO 返利不同。

关注"京东饭粒"微信公众号（jd_fanli），即可进入商城。使用京东账号登录，进入"个人信息"查看、跟踪和管理返利订单、京豆数等返利情况。返利时间由系统后台根据不同的用户等级进行判断，返利到账时间从确认收货后的 26～50 天不等。网友反映，使用京东饭粒，必须要把商品加入购物车，提交订单、付款都要在京东饭粒界面进行操作。

4. GO 返利

GO 返利是京东金融 APP 的一项功能，提供在京东购物返利、线下实体店（超市、便利店等）购物小票返利等，最大的优势是支持大多数京东商城商品，而且不受时间节点限制。目前，已涵盖个护化妆、食品饮料、营养保健、母婴等生活日用品，以及家电、办公、钟表、3C 产品等高价商品，甚至在家具、家装建材、汽车用品等居家大件上也有返利。在 GO 返利购物可以正常使用京东优惠券，享受京东支付的优惠和商城全部配套服务。单件商品最高返利 30％，最高可返 30 元；如有特殊活动以活动页面返利金额为准，某些商品返利金额可能高于 30 元。与其他第三方返利平台有所不同，GO 返利仅支持京东商城的商品。

打开京东金融 APP，在屏幕下方选择"服务"并向下滑动，即可看到"购物"栏目下面的"GO 返利"，点击一次后会出现在本页面最上方的"最近使用"一栏中，方便下次使用，见下图。

打开后界面如下图，"首页"的"海量返"是京东商城的返利商品，点击"搜索更多"可以查询到更多的返利商品信息，"优品返"是京东推荐的返利商品。在"我的"页面查询返利订单与返利金额，其中京东商城订单的返现在"订单返现"查询，页面中间显示返现冻结的金额，满足条件后约 30 天可以提现。提现前必须开通京东小金库，然后点击"提现到小金库"即可。

在京东商城购物时，先在 GO 返利搜索一下，即可看到相应的返现优惠，购物成功之后就能领取京东商城的额外现金返利。购买商品之后，只要在下单后 30 个自然日内不发生退货，就会成功获得购物返利，用户兑换至京东小金库后即可提现。比如这个第三方卖家的芝麻油，返利比例达 14％，加入购物车下单付款或点击"直达商城"再下单付款，会有 1.38 元的返利。还有像下图中的大闸蟹，返利高达 21％等。有一小部分热门商品会有 100％返利，比如下图的硫磺皂，售价 1.4 元，返利 1.4 元，不过百分百返利商品仅限一件，多于一件则不返利，如下图的薯条和奥利奥饼干。其他商品返利上限为 5 件，超出数量不返利。

在 GO 返利下单需要注意，京东金融 APP 的后台系统对于返利信息抓取延迟严重，笔者的订单有些在下单后几个小时后显示，有些订单要几天后才跟踪到订单信息。

小票返是京东金融的特色服务，线下支持全国连锁正规超市及便利店，线上商城（包括京东商城、京东到家、天猫超市、亚马逊中国、苏宁易购、当当网）的纸质购物小票或具有商品明细的纸质发票，其他平台小票及电子发票视为无效小票。购物清单的商品与小票返栏目显示的商品信息一致，即可使用小票返功能拍照购物小票上传，审核通过后进行返现。目前最新版本的京东金融 APP 小票返的入口消失，但还可以在"我的-小票返现"查询之前小票返的信息。京东在线客服也不清楚未来是否会继续加入小票返的入口。后仅于 2018 年 5 月 15 日关闭了 GO 返利功能，之前下过订单的用户仍可继续提现。

5. 惠惠网

惠惠网（www.huihui.cn）是网易旗下导购返利平台，提供近百家商城的购物返利服务，目前已有百万注册会员，每月给用户百万元现金返利，提供常见电商网站返利，对常见旅游票务网站（去哪儿网、同程网等）也可以返利，甚至对于购买保险的特定网站也可以返利。通过"推荐＋搜索＋比价＋返利"的价值模式，全面满足消费者对于网络购物"正品＋低价＋实惠"的价值需求，是综合性网上购物导购返利平台。

惠惠网返利很简单，只有 3 个步骤：注册成为惠惠网的用户，登录后通过惠惠网的链接进入商城购物，即可在后台查询返利订单。注册会员并登录惠惠网，在返现栏目中选择京东商城，找到一款移动硬盘，下单并支付，在 10 分钟内返利订单会出现在"我的账户-我的订单"页面，如下图所示，返现会在付款后的第二个月的月底打到用户的返利账户里（金额不一致缘于电商价格变动）。

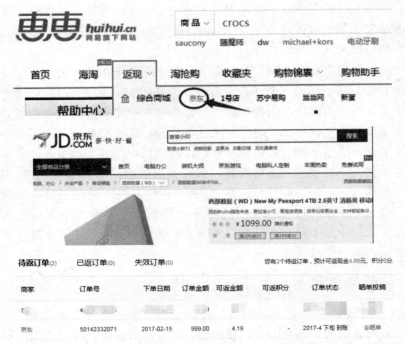

如果 10 分钟后刷新仍未看到订单信息，有可能是操作不规范，系统没有跟踪到订单信息，需要取消订单重新下单。多次重试仍无法跟踪到订单，需要与惠惠网客服联系。需要注意的是，退货商品无返利，如果订单中有部分商品退货且订单号无变化，则未退货部分会按照规则进行返利。

第六章
寻找最低价的比价网站

　　21世纪为互联网时代，网络购物凭借着便捷、实惠等特点，逐渐渗透到生活各方面，越来越受到广大消费者的青睐。低价是网购最显著的特征之一，由于各大电商商品的价格变动频繁，消费者面对眼花缭乱的促销活动页面、不同档次的产品以及商家设置的价格陷阱，在购买商品时需要访问多个网站、货比三家才能决定与哪一家达成交易。要做到较为全面的比较需要花费大量时间和精力，能否得到真正的实惠、想做到真正放心的网购恐怕也不是一件容易的事。比价网站（软件）提供了同一商品在不同商家的价格，只需要访问比价网站就相当于同时查看了多家购物网站，为消费者节约大量的时间。消费者输入商品关键字搜索之后，网站自动搜索各大主流电商网站并列出搜索结果，各网站的商品报价一目了然。相比之前传统的购物搜索方法，需要打开多个电商网站输入关键字搜索的费时、费力做法，尤其现在电商网站的首页充斥着与消费者无关的信息，各种Flash广告条和Java特效非常多，整个页面加载完成也需要一定时间，比价网站（软件）则为用户避开广告的狂轰滥炸，为购物提供了便利。

　　比价技术其实是一种搜索引擎，对商品的种类与商品信息进行抓取，由第三方网站搜集整理并更新排名。有些更详细的比价网站（软件）有独立的爬虫程序，抓取商品的评价信息供消费者购物前参考。商品报价通常会存储在电商网站的数据库中，即使电商屏蔽抓取信息，比价网站（软件）也能通过技术手段完成信息抓取。前几年，虽然有些电商对于比价网站排斥拒绝，然而近年来也呈现出合作态度，因为电商深知比价也可以为网站带来流量，提高用户的访问率。比价网站（软件）的盈利模式主要有两种：一种是通过自身为第三方平台进行引流，作为平台引流的渠道，按照每千个流量或者一定的标准向平台收取费用；另一种如果电商平台上的销售是通过比价平台进行搜索并最终跳转过去，商品成交后两者之间会有一个比例分成。简单意义上理解，就是前者以展示次数收费，而后者以成交额收取佣金。

比价搜索在国内互联网并不是新概念，在国内早年没有受到重视，阿里巴巴旗下的一淘网、网易旗下的惠惠网等网站均是以比价为切入点的垂直电商搜索平台，后来都放弃提供比价功能。2014 年，国内只有 7.57% 的网购消费者在网购时会使用比价网站，同年年底，我国已注册的购物比价网站达 673 个，2016 年年底正常在线运营 89 个。2016 年，一项研究以调查问卷形式随机对商场的 300 名顾客进行调查，重点整理了其中 100 名年龄在 20～40 岁且频繁进行网上购物的顾客问卷。问卷中 94% 的网购主力年龄段用户认为购物比价网站有存在的必要，间接说明购物比价网站的认可度还是比较高的。尽管国人对于比价的需求不强烈的可能原因是不了解或没听说过，在国外则是很普遍的需求。

电商促销每时每刻没有停歇，多数情况下商家利用促销吸引消费者，其价格不降反增。由于法律法规不健全，没有办法杜绝此类不当行为。如果将同一类商品在不同电商平台的价格进行纵向对比，帮助消费者清晰直观地发现电商是否存在价格陷阱、虚假促销等行为。电商的每次变价都会影响消费者的购买意向，一般情况下，消费者根据自己以往的购买经验，对每个产品有心理价格，通过比较当前价格和心理价格判断商品的吸引力，进而决定是否购买。而且有研究发现，以前两三次的购买经历对本次购买有影响，三次前的购买经历对本次购买的影响基本可以忽略不计。比价网站（软件）提供的价格走势图，展现了每个产品一段时期内每天的价格、显示所有价格以及每个价格持续的时间。消费者不仅可以了解该产品的最低价和最高价，还可了解产品每次的价格波动，当消费者学会利用各种方式对自己想要购买的商品进行查询低价时，也从侧面证明了消费者的网购行为更加趋于理性，避免冲动消费。比价的价格分为纵向历史价格和横向对比价格之别，纵向历史价格是商品曾经出现的价格，横向对比价格是商品在各个电商的当前价格。国内的比价工具查询方式包括查价的网站和插件，有的工具通常兼具几种功能，比如历史价格查询、横向价格比较、降价提醒等。通常将历史价格、横向价格几种功能合一，部分工具还支持国外电商价格查询。比价网站跟踪每种产品的历史价格走势，不仅可以发现虚假促销活动，而且为消费者提供了更多的价格信息，从而为消费者选择出最优购买价提供了坚实的基础，也在一定程度上影响电商平台的流量。

比价网站（软件）提供的比价信息仅供参考，商品在电商平台上架的那一刻起，价格就不断变化，尽管价格的总趋势在下降，然而某个时间段内会呈现上下波动状态。判断商品能否入手的最佳时机，是将当前价格与历史价格进行比较：如果当前价格低于历史均价，可以认为是"一般好价"；如果当前价格接近历史最低价，可认为是"历史好价"；如果当前价格低于任何历史价格，这是可遇不可求的"历史低价"。由于在下单前和付款时可以选择使用下单立减、购物车×折、优惠券、优惠码、银行卡支付立减等优惠方式，实际支付的价格还是要点击进入到详情页面后产生订单时才能最终确定。需要注意的是，对于某些导购网站宣称的"历史低价""近期低价""近期好价"之类的宣传语要谨慎对待，并不一定是真实情况。比价网站对于商品价格在一天之内变动几次的情况不能做到每次都会保存记录，虽然每天进行多次价格监测，然而对于商品价格变动后又恢复原价再被监测，价格变化一般不会显示。由于一天之内的价格多次变动，展示给消费者的价格以最后一次监测结果为准，价格走势图上显示为一天对应一个价格点，这个缺陷还需要比价网站（软件）后台进行优化处理。

1. 慢慢买

（1）慢慢买主页端　慢慢买（www.manmanbuy.com）的主

页有两个比价入口：一个是比价搜索框，提供全网在售商品的所有结果；另一个是"全网比价"频道，导航内容为人工筛选结果，两者提供的结果有一些区别。以三星 UA49KUC30SJXXZ 这款平板电视为例，在比价搜索框内输入并点击搜索，结果如图。

搜索到 5 家电商平台，自营商品 6 个，第三方商品 16 个，在结果上方可以选择是否排除第三方商品，右方的收货地确认后自动筛选有货商品。下方列出的每条商品，鼠标放在弯曲的小箭头上可

以看到该商品的价格走势图。如果点击走势图，新打开的页面显示清晰放大版的走势图，往下显示该商品在该商城的链接与历史优惠活动，如下图。

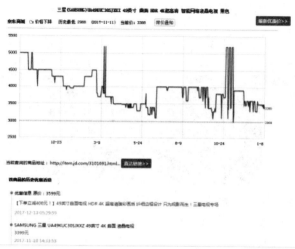

　　如果是通过全网比价频道筛选，筛选完毕点击商品图片，详情页面显示最低价、所有评论数量与优选评论、收藏降价提醒，下方有历史价格走势、商品参数、商品介绍、商品比较与比价购买等，可以排除无货商品和排除第三方商品，还有各电商平台的付款方式提醒。查阅商品介绍，翻看商品评价，内容更加丰富，价格信息一目了然。本结果比前面的结果少了当当网自营一项，如下图。

（2）慢慢买 PC 端网页插件（懒人比价插件） 点击首页右侧的"比价插件"，进入懒人比价购物助手，点击下载插件，支持 Chrome 浏览器和 360 安全版与极速版浏览器。内附安装说明书，安装过程简单，如下图。

安装插件后打开电商的商品页面即能显示价格走势图，还以电视为例，鼠标放在"全网更低价"上还会出现其他商城的报价。如果打开商品页面没有显示插件，需要刷新页面。如不看走势图，插件显示仅有一行字宽度，不影响网页观看。在网页上方或下方有比价插件栏，简洁明了，不想让它干扰阅读可以点击最右方的三角缩到最左边。由于电脑中可能安装多个比价插件，插件栏的具体位置以页面显示为准，如下图。

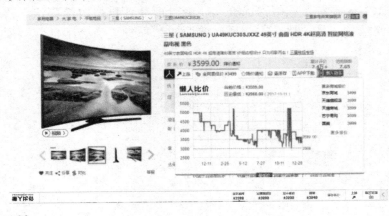

（3）慢慢买 APP APP 支持查询全网 50 多个电商的商品价格及其历史售价，并可以查看商品的历史促销信息。价格历史显示从几天至一年多时间不定，与商品上线时间、商品是否下架等有关。进入电商 APP（如京东、淘宝），复制想购买商品的链接，京东商品若无可复制的链接则复制商品 ID 或标题；打开慢慢买 APP，可自动识别并点击查询历史价，如下图。

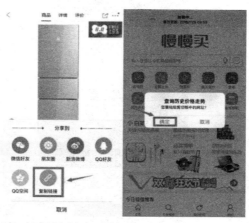

若想了解某个商品是否为全网最低价，需用慢慢买 APP 首页的全网比价功能查询商品在全网各个商城当前的折扣信息，还能同时查询历史价格，在比价搜索结果页面点击商品右侧的 3 个排成一列的小黑点，会弹出历史价格走势。例如，搜索 iPhone 7 plus，如右图。

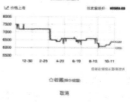

如果通过慢慢买 APP 内的商城导航、商品搜索或者折扣内容跳转到电商的商品页面，注意此时要确保没有跳出慢慢买 APP 转到手机上安装的独立电商 APP（如京东），如果有自动跳转一定要

退出京东 APP 返回到慢慢买 APP。此时底部有工具条浮层，点击工具条最左侧的走势按钮就可以查看当前商品的价格走势，如下图。

（4）慢慢买历史价格查询 点击慢慢买首页右侧的"历史价格查询"，复制需要查询的商品链接，粘贴到文本框，点击查询历史价格。查询记录会在页面下方自动保存，方便再次查询。点击价格走势图右侧的"最新优惠价"直达商品页面。

如果查询的商品不处于历史低价状态，不是急需的用户可以选择等待，有可能会再度出现历史最低价，尤其是临近元旦、春节、"618""双十一""双十二"等大促也许会再次降价；急需的用户可以参考近期一段时间的阶段性最低价，注意历史最低价以及出现的次数和时间，尤其是离当前时间最近的最低价出现的时间，价格相差不大可以考虑下单。

2. 购物党

购物党（www.gwdang.com）是一家专注于网购比价的网站，最早在北京成立，后因获得南京"321 计划"项目经费，在南京也成立了公司。核心产品为网页比价插件"购物党全网自动比价工具"，自动货比多家，找到最低价，跟踪降价并以邮件提醒，可比较同款商品在淘宝、京东、亚马逊、苏宁、国美、当当、1号店等百余家电商的价格，展示 180 天价格历史，通过大数据技术手段帮助"剁手族"节约时间金钱。

（1）**购物党主页端**　下图仍以三星 UA49KUC30SJXXZ 这款平板电视为例，在比价搜索框内输入并点击搜索，页面显示 4 个标签，分别是商城比价、价格曲线、商品信息和商品评论，价格曲线在下方选择商城查看相应的价格变动情况。

（2）**购物党 PC 端网页插件**（购物党全网自动比价工具）　在购物党主页右侧上方点击"下载比价工具"，点击蓝色的"免费下载"，支持常见大部分浏览器，下载完成后自动安装，见下图。

　　插件安装完成后打开电商的商品页，鼠标放到弯曲的箭头上显示价格走势图，如下图。

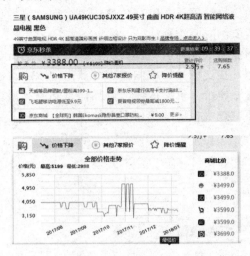

　　与"懒人比价插件"相比，多了各电商优惠活动推送和秒杀白菜商品推送，缺少各地库存显示，占用阅读空间比较多。如果觉得价格下方的插件影响阅读，在页面左上方的设置——"价格趋势与降价提醒"里选择"只在比价工具栏显示"刷新页面即可取消价格下方的显示，也可以点击上方或下方的插件栏最右方的三角缩到最左边。鼠标放在蓝色的最左方的"购"字会弹出菜单，对于只想比价的用户存在干扰。

　　（3）购物党手机 APP　购物党手机版可以比较同款商品在京东、当当、亚马逊中国等百家网店的价格和消费者口碑评分，支持300 万条码扫描，1 000 万商品价格查询，以及 3 000 万条真实的消费者评价。以 OPPO A77 手机为例，直接从折扣信息点击进入，或者在首页上方搜索框输入"OPPO A77"，再点击全网比价一栏查看该手机在各商城的价格信息，点击弯曲的箭头查看价格走势图，根据自己的需求选择时间段，点击"去购买"跳转到商城页面，见下图。

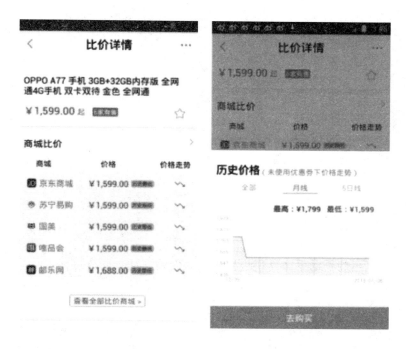

3. 惠惠网

（1）**惠惠购物助手比价插件**　用户在浏览商品页面时，惠惠购物助手在浏览器底部自动弹出该商品在其他商家的报价信息及商品价格走势。让用户看清价格走势，插件自动比价，货比三家不用点，找到最佳购买时机。还可以走势预览，更快识别真假促销。

在商家任何页面，把鼠标指到商品图片上就可以看到价格走势的预览信息。打开商品页面，鼠标移到价格附近的"价格走势"按钮上，即可看到当前商品的价格历史信息。在唯品会等网站暂时不能支持上述查看入口，可以在浏览器上方或下方的插件栏右侧查看商品的价格信息，也可以缩到左边。和购物党插件类似，惠惠购物助手插件显示的内容比较多，见下图。

惠惠购物助手插件还支持在商家促销活动页面直接显示走势预览标签，每个商品图片上会有插件显示，鼠标放在图片上即可显示价格走势图，见下图。

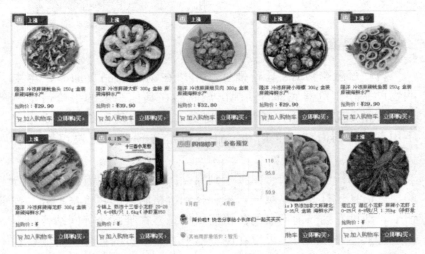

（2）惠惠购物助手 APP 和慢慢买 APP 和购物党 APP 类似，在惠惠购物助手 APP 中直接点击商品信息或者搜索商品，在不跳

转到电商 APP 的情况下，电商页面下方有黑条，点击箭头查看价格走势图，点击比价信息查看各商城比价。下图中以这款优衣库402962 的衬衫为例显示了价格走势图。

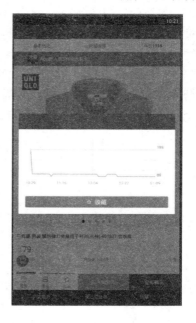

4. 盒子比价网

盒子比价网（www. boxz. com）是 3C 数码产品和部分百货商品的垂直搜索引擎，由成都龙猫网络软件有限公司于 2010 年创立。网站定时在主流 B2C 商城抓取数据，已收录京东、亚马逊中国、1 号店、苏宁、国美、当当、新蛋等电商，方便用户找出最高性价比的商品。此网站界面相对简单，而且没有收录淘宝及天猫商城内容。

搜索框分为"模糊"和"搜索"两个按钮，前者匹配范围比较广，只要内容包含某个词就会出现；后者的匹配范围更为精准，经过智能分词以后前缀匹配。另外，还可以用英文双引号括住关键字，例如"2G 独显"，会只显示包含关键字并且按顺序相邻的结果。以"三特（sante）水果燕麦片礼盒装 350 克 * 3 包装"为例，点击搜索结果右方的价格走势，打开结果详情页面，价格走势图最多显示 6个月，有相关的商品推荐，下方的库存信息内容不够精确。

主页下方显示时间截至 2015 年，搜索内容页面显示截至 2016年，根据搜索比价结果来看，价格抓取内容在不断更新。然而提供的手机端 APP 自 2011 年没有更新，搜索时显示从服务器获取数据失败。

5. 喵喵折

喵喵折（原购物小蜜）是一个简单易用的购物助手，在各大品牌浏览器的扩展应用市场有下载。安装后，点击浏览器侧边栏喵喵折图标会显示全网商家 24 小时最给力的价格信息，插件显示简洁，页面上方或下方的插件栏也同样简洁，插件栏右侧也有可以缩进的三角按钮。

浏览海外购物网站还提供一键海淘的服务。

6. 其他网站

（1）琅琅比价网（www. langlang. cc）　成立于 2006 年，是一家图书影视和百货数码等垂直比价搜索引擎，专注于做图书、百货、影视比价导购，发展为以图书比价为核心，拓展至多品类比价结果展示的特色模式。实测发现，仅有图书品类的个别商城数据有更新，整个网站截至 2014 年未更新。

（2）比一比价网（www.b1bj.com）　实测都为慢慢买网站内容和比价入口。

第七章

最惠淘货的终极秘笈

1. 综合运用导购、返利与比价

导购、比价与返利的内容在前面分别介绍，在网络购物实际操作时却是紧密联系的。一般来说，网购前需要浏览导购网站推送的内容，或者不想翻阅大量的信息也可在导购网站搜索自己想要购买的商品。挑选好商品后，用比价网站或比价软件看看价格是否最低，建议选择价格较低的知名电商平台下单。购物之前再到返利网站核对一下是否有返利，确认后通过返利网站赚取电商最大的优惠。上述流程对于淘宝/天猫购物同样有效，只是将返利网站换成一淘网。推荐使用电脑下单，总体上比手机端顺畅、方便，不过手机端在个别方面也有优势，即在购物车里整理商品参加活动凑单会相对方便。

导购网站的商品价格可能是好价，然而每天的特价信息有限，其实有更多的好价藏在各电商平台未被用户发现，用户在浏览电商平台网页时可能会有意外惊喜，作者曾经多次发现低价商品，然而常用的导购平台并没有推送。

现以京东商城为例，简要说明网购低价商品的流程。第一，可以关注当天的特价促销活动，促销力度比较大的活动一般会出现在首页顶部图和中间横条图；第二，关注首页秒杀频道，有京东整点秒杀、品牌秒杀和品类秒杀 3 个版块，一般秒杀的商品会提前预告，提前做好准备；第三，关注京东超市频道，每周五是京东超市"剁手族"的狂欢日，生活日用品有各种秒杀和自动满减。从上面3 种方式找到的促销商品，其详情页价格下方会有提示促销活动，点开促销活动可查看更多促销优惠商品。虽然找到了促销商品，但是并不代表是最低价或者接近最低价，还要去比价网站/打开比价软件查询历史价格，并在导购网站查询历史促销优惠，再决定是否下单。

京东商品的优惠方式有：商品优惠有返现（满 99 减 50）和自动满减（2 件 5 折）等、用券优惠（商品专用优惠券和全品类券）、支付优惠（支付随机减、白条满减或立减券、金融满减券，支付优惠券可在京东 APP 和京东金融 APP 领取），另外还有特殊优惠，如满赠（买一赠一、满额领赠品等），有时赠品会比主商品更给力，还有的商品购买后给予好评晒单可送话费或送赠品，也有购物送京豆或优惠券等。需要说明的是，同一种优惠方式之间不能叠加，比如同件商品"自动满减"不能与"几件几折"优惠同时叠加使用，"商品优惠券"不能和"全品类券"叠加使用。然而不同优惠方式可以叠加，比如商品"买一赠一"叠加"满 99 减 50"叠加"满100 减 10 全品类券"再叠加支付时使用"小金库随机减"，即商品叠加的优惠方式越多越划算，多买享受多重优惠。

如果某件商品在多个电商平台价格一致，可先查历史价格，再看所在地区的库存数量。一方面可根据自己账户中的优惠券情况下单。例如，某款电子阅读器京东和苏宁价格相同，苏宁无优惠券或仅可使用小额无敌券等，京东可使用大额优惠券如500－30，则选择京东下单；反之亦然，如果京东不能使用优惠券或仅可使用小额签到券等，苏宁使用优惠券后的价格比京东优惠很多，可选择苏宁下单。另一方面，根据售后政策对比下单，两个电商的售价完全相同且没有或不能使用优惠券，或使用优惠券后价格相差无几，在这种情况下特别是电器数码商品推荐选择售后服务更好的电商平台下单，比如页面显示半年有问题上门包换等。由于各电商的售后政策经常更新，所以需要提前咨询在线客服或拨打客服热线咨询。

没有任何一家电商平台的商品永远处于低价状态，想买到更低价格的正品商品，只能是先查询历史特价推送信息，再查询历史价格，最后使用返利购物。

2. 获取、利用商城积分

电商的积分是类似于返利的一种购物政策，都存在有效期，过期失效。不同电商的积分政策各有千秋，如亚马逊系列没有积分，有的电商如当当网之前的积分只能兑换优惠券；1号店之前的积分只能兑换实物商品，兑换的自营商品在购物下单时顺带上积分兑换的商品才能免除运费。2016年之后，当当网和1号店先后更新了积分政策，积分可以且仅能抵扣付款现金，这也是目前常见电商平台的积分政策。不过各电商的海外购都没有积分，同样积分也不能在海外购使用。对于消费者来说，电商平台提供的积分当然要充分利用，能省则省是最"惠"网购的重要原则。下面简单介绍3个电商平台的积分领取与使用方法。

淘宝/天猫：淘金币每天可领取，淘宝网有专门的淘金币购物频道，支付大量的淘金币和少量的现金购买商品；也可在某些淘宝商品付款之前抵扣现金，以及换取优惠券和抽奖。天猫积分只能通过购买天猫商品并确认收货后获取，天猫商城于2017年6月1日取消抵扣现金功能，目前仅可抽奖、兑换天猫权益与天猫购物券，其实天猫购物券相当于变相提供积分抵扣现金功能。

京东：京豆可每天在APP端首页"领京豆"或网页端会员首页（vip.jd.com）领取，购买商品确认收货后也有赠送，评价已购买商品也有赠送，参加京东的各种活动也可能会赠送。京豆在某些活动页面可以兑换全品类优惠券或免邮券。"钢镚"是类似于京豆的另一种积分，可以在购买自营商品时支付，每天可在APP端首页"借钱"频道的"签到"处领取，1钢镚相当于1元，有效期为永久。一般获取的方式是通过京豆兑换，120个京豆兑换1个钢镚，活动大促时可能会变为100个京豆兑换1个钢镚，还有通过某些金融行业（银行、保险、证券）的积分、通讯运营商的积分、航空旅游积分等兑换成钢镚。有的兑换渠道还可以将钢镚反向兑换成积分。也可在京东金融APP或京东旗下的其他APP及网站领取额外的京豆和钢镚，具体领取活动入口与领取数量以 APP 及网站的公告为准。APP 端首页频道栏目向左滑动找到"领流量"，每天领取 1M 的流量，可提取到移动、联通、电信的任意号码，每月 3 次封顶或 4G 封顶；京东账户如果绑定联通的手机号码，购物时每笔订单京东都会赠送不可结转的全国流量，每月 10 笔封顶，流量可提取至京东强卡（大强卡、小强卡）或账户绑定的联通号码，每月 5 笔或 2G 封顶。

苏宁易购：云钻可每天在 APP 端首页"领云钻"或网页端"我的易购"中的"打卡领云钻"领取，购买商品确认收货后有赠送，评价已购买商品也有赠送，参加苏宁的各种活动也会赠送，也可兑换实物礼品、影券、国航里程、电子书等礼品。在下单之前抵扣现金时，可在商品页面价格下方以云钻刮券，每次刮券扣除 200 云钻，刮券结果分为无敌券和店铺云券两种，100％刮出无敌券；店铺券由店铺提供，用户根据自身购物需求选择无敌券还是店铺云券。每人每天刮券次数上限为 3 次，无敌券面额或店铺云券的面额随机产生为 2～2.2 元、5 元、10 元、20 元、50 元。

3. 合理凑单免运费

随着网购成为生活不可分开的一部分，电商为了弥补物流成本，在吸引到了足够的客流量之后就开始提升运费门槛，从一开始的任意购物包邮免运费，到现在包邮门槛越来越高。以近几年的苏宁为例，苏宁从 2014 年 4 月 1 日开始收取配送费，将自营商品的免运费门槛定为 48 元；2015 年 5 月 25 日上调至 69 元；2017 年 5 月 16 日调整至 86 元。亚马逊中国从 2012 年 2 月把免运费门槛从 0 调至 29 元，2014 年 1 月再提至 49 元，同年年底则提高至 99 元。此外，1 号店、国美在线、当当、顺丰优选等电商，也是视单笔订单消费额度，收取一定金额配送费。特别需要提及的是京东，于 2018 年 2 月 14 日将基础运费从之前的 6 元上调至 15 元。后又根据用户性户不同，以及商品类别、订单实付金额和收货地址所在城市实行阶段计费，从 6 元起计算。对电商行业来说，消费者习惯其实已经养成，并不会因为免运费门槛的提高就会放弃电商平台。事实上，电商平台凭借规模优势，相比线下价格还是会相对便宜。所以，消费者应分析如何在各电商自营及第三方平台商户挑选凑单商品，合理免除运费。

消费者在购物时选择好需要购买的商品却未能达到免运费门槛，可以凑单某些价格较低、重量轻且日常需求较多的商品，如纸巾、卷纸等纸制品。对于常见的电商平台，可在导购网站筛选特价商品，根据自己的喜好与需求进行凑单。比如京东和天猫超市，可以在慢慢买网站的"一元凑单品"输入金额和地区，搜索需要的凑单商品；在京东购物次数和数量比较大的情况可以考虑开通 PLUS付费会员，每月赠送若干张免邮券，以及其他 PLUS 会员特权。当当网有时会放出大额图书专用礼券，有可能会全额抵扣图书金额，如抵扣图书金额后仍不能达到包邮条件，可在各导购网站搜索低价有用的商品，如小食品、花露水等小件商品，满足包邮条件后凑单带回。亚马逊中国根据商品原价判断是否包邮，即商品原价100 元满足包邮条件，参加促销活动打一折，实付 10 元，也可以享受包邮优惠。对于经常购买亚马逊海外购尤其是直邮商品的消费者，可以考虑开通 Prime 会员，单个订单满 200 元即可享受免邮（但不免税），还可享受国内商品单件包邮不限次数的优惠。

4. 防骗小贴士

世界之大，网站之多，人数之众，难免会有诈骗的事情发生。如何在网购的时候不出意外、安全地享受购物收货拆包的乐趣，则需要消费者注意：不要贪图小便宜甚至大便宜，不要被夸张的广告语打动，不要听信别有用心的商家或陌生号码来电转移到购物平台之外的聊天软件上完成付款或退款，等等。

（1）拒绝超低价及超高返利诱惑　早期曾经出现过诈骗网站以极低的成本架设购物网站，货架上的商品比市面价格低几分之一甚至一半以上，还煞有介事地放上备案号与各种支付方式，然而付款后客服电话永远不能拨通。之后出现了假的返利网站不卖商品，靠发展线下运营，甚至有的商家联合消费者做假单套取返利，只要缴纳一定比例的手续费，不买商品照样参与返利。这种被称为"庞氏骗局"的骗术主要内容是利用新投资人的钱来向老投资者支付利息和短期回报，以制造赚钱的假象进而骗取更多的投资，简单来说就是"拆东墙、补西墙""空手套白狼"。这方面的案例有太平洋直购网、百分百返利网、百业联盟、万商购物、万家购物等。一般来说，大型返利网站的成本高于中小型返利网站，因此，大型返利网站的返利率往往低于中小型返利网站，只有信誉度高的大网站可以兑现返利承诺。有些小的返利网站返利率低且时间长，返利提现限制过多，而且承诺与现实差距大，甚至最后返回的是"鸡肋"优惠券，也有些小的返利商家先抬高价格再返利。因此，选择返利网站时一定要选择信誉度相对较高、运营时间较长的大型网站，同时多查看有关该网站的用户评论，尤其要警惕借返利之名推销假冒伪劣商品的钓鱼网站，不要被网站的宣传语所吸引。只需记住一点：返利网站是帮助顾客省钱的，并不能让顾客挣钱。正常的返利网站返利额度低于正常商品毛利，也不会以拉人头的方式进行推广。反观传销返利一般具有线下推广的返利规则设置，而且返利额度远远高于正常的商品毛利，所以返利不论是以传统零售为载体还是以 B2C 为载体，都是不可持续的。

（2）严防被网络"钓鱼"盗取财物 钓鱼式欺诈是指骗子诱导用户披露个人信息，窃取用户银行资料的诈骗手段。其手段有常见的以下几种：①发送欺诈性电子邮件，邮件内容多以中奖、对账等内容引诱用户在页面中填入银行账号和密码，或以各种紧迫的理由要求，比如消费者的银行卡在国内外超市或商场出现大额刷卡消费，要求核对并提交银行用户名、密码、身份证号、信用卡号等信息，继而盗窃用户资金。②在电子邮件或网站中种植"木马"程序，感染"木马"的电脑或手机进行交易时，"木马"程序获取用户账号和密码。③通过知名电商平台发布虚假信息，以所谓"超低价""免税""走私货""慈善义卖"等名义出售商品，要求受骗者先行支付货款达到诈骗目的，常见的有支付运费免费得国际品牌手表等伎俩。④利用屏幕显示极为相似的特点，如数字"0"和字母"O"、数字"1"和字母"l"或"I"，以及字母 B 和数字"8"或

"13"、字母"b"和数字"6"等,建立的网站网址与正规网站网址极其相似,往往只有个别字符的差异,不仔细观察很难发现,引诱消费者输入账号、密码等信息窃取用户资金。⑤部分消费者贪图自己方便,对银行卡及网上银行设置了简单密码,很容易被不法分子轻松破解。⑥向手机发送诈骗短信,多以中奖、退税、投资咨询等名义诱导汇款、转账等操作,近年来短信内容又以股票投资聊天群的验证码、免费开通借款、领取大额红包、直接发送某网站注册验证码等新的方式居多。

以上提及的属于"广撒网、愿者上钩"的形式,现在的诈骗手段已经进入到了主动出击阶段。所以用户需要熟悉各大电商平台的外呼服务电话号码,有些曾经网购过的甚至是刚刚下单的消费者会收到自称是商家发送的退款、促销、物流、支付、红包等的电话、短信、电子邮件信息,最常见的是对方能准确无误地说出消费者购买的商品名称与消费者收货地址和手机号码等隐私,表示消费者刚才的订单出了问题,也就是"卡单"了,需要退款,如果消费者相信对方,在发来的"退款"链接中输入银行账户信息则银行卡会被盗刷且很难追回。消费者千万不能轻信电话或短信中的"网购退款"信息,切勿落入钓鱼陷阱,因为各电商平台一般不会主动要求消费者退款,就算是商家要求退款也不会让消费者再次交钱,更不会让消费者在链接中输入银行账户信息。消费者对订单如有疑问,可拨打电商的官方客服电话或向电商平台的在线客服咨询。

(3) 不要轻易泄露个人信息 网购时要仔细验看登录的网址,不要轻易接收、安装不明软件,不要轻易点击别人发来的不明链接,更要慎重填写银行账户和密码,防止个人信息泄露造成经济损失。收货后妥善处置快递单、购物清单等包含个人信息的单据。

慎在微信和QQ等社交软件朋友圈中晒照片。有些家长在朋友圈晒的孩子照片包含孩子姓名、就读学校、所住小区;有些人喜欢晒火车票、登机牌,没有将姓名、身份证号、二维码等打上马赛克,这些都是比较常见的泄露行为。此外,微信中"附近的人"这个设置,也经常被利用来看到他人的照片。

尽量不在来历不明的链接中输入手机号码与身份证号码，不要涉及高利贷 APP。如果是在不常用的第三方支付或电商平台绑定了银行卡，记得解绑。

（4）谨慎对待非自营商品 某些商品，尤其是进口商品，由于各种原因如行业内认可度高、使用效果卓著、性价比超高等受到网友的追捧，在各电商平台热卖。然而拿货成本、物流关税成本等相对透明的原因，热销产品的价格在各平台不会有太大的差距。如果较小的电商平台以及各大电商平台中的第三方店铺提供的商品价格比平常价格低很多，排除商品临期的情况，用户需要小心对待。已有媒体爆料某些店铺进货及销售都是伪劣商品，直至出现问题之后连店铺也不清楚自己销售的居然不是正品。建议用户选择较大而正规的电商平台自营商品，可以大大减少买到伪劣商品的概率。

（5）其他网购需要注意的事项

①注意"电商特供款"，特别像小家电、纸巾等，看起来和线下实体店一样的产品，实际可能颜色、内部配件不一样，或是去掉了某些功能。对于电商特供款介意的人士需谨慎。建议看到商品标题或详情页面有注明"电商特供"相关内容的，或线下价格比线下便宜非常多的情况下建议咨询客服，并保留好聊天记录截图，若是后续因商品质量问题发生退款退货时可作为凭证。

②预售付"定金"类商品下单时需谨慎，因为定金不可退还。另外有些预售类商品不可 7 天无理由退换货，下单前一定要看清，或向客服咨询明白。

③不要为了优惠券而盲目凑单。各电商平台的优惠券很多，一般只能用一张，很多券是不能叠加使用。面额动辄几十几百元的优惠券，实际使用时可能限制某件商品，或是满额减，如满 300－50，恰逢商品标价 298 元，却没有可供凑单的小额商品。领取优惠券需适度，不要仅为了使用优惠券或参加满减活动而凑单，这样的话可能活动后的价格比平时更贵，而且买多了用不到也就浪费了，建议用比价工具先查过商品历史价格再决定要不要凑单使用优惠券。

④警惕商家促销有猫腻。比如前×××名或前几分钟时间段内下单、确认收货后返现半价之类优惠，这类返现促销一般不能叠加优惠券。建议对于这类促销活动要提前截图保留活动详情，咨询客服了解清楚享受优惠条件并截图保留聊天记录。

⑤销量特别好、好评特别多且降价幅度大的商品要格外留心。动辄几万的销量与好评有可能存在造假，店铺一般先上架低价商品刷单制造好评，然后再换成高价商品继续销售。建议用比价工具了解商品价格走势，比如商品原来是 50 元，后来涨到 300 元，很有可能就是这种情况。商品评价中的差评比好评更具有参考价值，虽说也有过专门找人刷差评的店铺，毕竟还是少数。

⑥有些知名品牌，如优衣库、迪卡侬等，支持线上购物线下提货，这种方式虽然可以节省运费，但是有可能实体店里的这款商品处于缺货状态，建议及时退款，不过如前所述，如有支付定金是不退还的；对于已经支付定金的商品尽量选择能收到货的方式下单。

⑦赠品不能享受常规售后服务。如果当初是为了大堆赠品付了定金，最后赠品缺货或有质量问题需要维修，商家却说赠品不享受售后保障或换其他赠品，造成用户想退货却不退定金，继续下单又不划算。建议标有赠品的宣传页面截图保留，以防商家赖账不发赠品。另外，法律明确规定赠品也要保修，所以在购物时提醒商家在质保卡上盖上公章，以便后续保修时作为凭证。

主要参考文献

白利倩，2015. 互联网时代的基金布局 [J]. 理财（市场版），5：14-18.

蒋梦惟，2018. 跨境电商国标为何由中国主导 [N]. 北京商报，2-12.

李娟，2013. 返利网的庞氏骗局 [J]. 数学通讯：教师阅读（2）：34-35.

李婷，2014. 我国网购返利法律问题研究 [D]. 兰州：兰州大学.

李向阳，2007. 基于 Struts 和 Hibernate 框架的比价网设计与实现 [J]. 龙岩学院学报，25（6）：17-19.

刘俊文，2010. 国内网络购物类型分析及趋势 [D]. 兰州：兰州大学.

马颖云，2014. 购物比价网站的交互设计研究 [D]. 上海：华东理工大学.

毛彦妮，2014. 将共链分析拓展到 URL 共现分析——基于比价返利行业的实证研究 [J]. 情报杂志，33（7）：110-114.

孙前瀚，郑权，2016. 返利网的现状及发展趋势研究 [J]. 中外企业家（8）：257-258.

王慧玲，2014. 外部参考价格—价格走向图对消费者购买意愿的影响 [D]. 南京：南京大学.

王建国，2016. 购物比价网站设计方法的实践与认知研究 [J]. 韶关学院学报（自然科学版），37（10）：30-34.

吴宜真，2015. 返利模式的价值创造 [J]. 江苏经贸职业技术学院学报（6）：9-11.

肖晏，2016. 比价的江湖 [J]. 法人（5）：32-33.

许健航，2014. 中国互联网比价网站运行状况浅析 [J]. 科技传播（22）：124-125.

张春普，2015. 返利网会员制的法律属性初探——以和预付式会员制比较的视角 [J]. 天津商业大学学报，35（2）：50-54.

赵乾海，2015. "返利网"暗藏猫腻 [J]. 智富时代（1）：38.

图书在版编目（CIP）数据

玩转导购、返利与比价：最惠网购指南/杨捷，郭熙焕，金瑜雪编著 . —北京：中国农业出版社，2018.6
ISBN 978-7-109-24324-8

Ⅰ. ①玩…　Ⅱ. ①杨…　②郭…　③金…　Ⅲ. ①网上购物—指南　Ⅳ. ①F713.365.2-62

中国版本图书馆 CIP 数据核字（2018）第 152083 号

中国农业出版社出版
（北京市朝阳区麦子店街 18 号楼）
（邮政编码 100125）
责任编辑　廖　宁

中国农业出版社印刷厂印刷　　新华书店北京发行所发行
2018 年 6 月第 1 版　　2018 年 6 月北京第 1 次印刷

开本：880mm×1230mm 1/32　印张：4
字数：105 千字
定价：29.80 元
（凡本版图书出现印刷、装订错误，请向出版社发行部调换）